zoomはじめました

起業ひふみ塾　主宰
秋田稲美 著

WAVE出版

使い方はとっても簡単で、コミュニケーションはラクラク、楽しい！

この本を手に取ってくださったあなたは、「最近よく耳にするＺｏｏｍってなんだろう？」と気になっているんですね。

誰かが「Ｚｏｏｍはテレビ会議システムです」って言っていたから、「テレワークに使うシステムかな？」と思っていたら、

◆「みんなが、飲み会に使ってるよね」
◆「ワークショップに参加したことがある」
◆「料理教室をやっているらしい」
◆「ダンスをしている人もいる」

など、いろんな声が聞こえてきて、「ＩＴオンチの私は、時代について行っていないか

もしれない」と、不安になっている人もいるでしょう。

でも大丈夫。Ｚｏｏｍは、特別なＩＴの知識がなくても使える、かつてないコミュニケーションツールなんです。参加するのも主催するのもとても簡単。

想像以上に楽しめて、アイデア次第ではあなたの新しい仕事をつくれる可能性も！

Ｚｏｏｍを使いこなしている人の中には、好きな時間に、好きな場所で、好きな仕事をして、好きな人と、好きなものを食べ、好きなものに囲まれ、好きなように暮らしている人もいます。（気になる方はぜひ2章へ！）

あなたもきっと、この本を読み終えたときには、「私にもできそう」という気持ちになっているハズ。

Ｚｏｏｍとの出会いで、考え方を変えたり、生活スタイルや仕事の仕方を変えたり、やりたいことが自由にできて、人生が一気に広がる方もいるかも!?

心の準備はいいですか？　では、さっそくはじめましょう。

２０２０年６月　著者　秋田稲美

突然始まったテレワーク…
まお33歳
（独身・一応彼氏あり）
某大手メーカー勤務。
…
自宅で仕事をしろと言われても……
通勤ラッシュや目覚ましのアラームにドキドキしなくてもいいのは助かるけど…
この部屋のどこで仕事しろって言うのーーー!?
ソファ
棚
ベッド
小さいテーブル
テレビ
使えそうなプリンターもない……
いつのだっけ?
仕事用の椅子がない……
ソファで仕事できるのか?
さらにWi-Fiない……
家ならスマホでよかったし…
そもそも仕事にならないっ

まあでも
やるしかないか
よいしょっ
どさっ
ピーー
プリンター
とりあえず
使えず…
仕事関係は
全部このボックスに…
パソコンの
延長コード…
さてと…
コキ
コキ
←着がえた
あ〜〜
やっぱりなんか
落ち着かないな〜
どさっ
みんな
どうしてるのかなぁ…
ノグチさんは
騒がしい子どもたちと
奥さんと家に4人でいて
仕事できるのかなぁ…
奥さんも
お仕事
してるんだよね…
こらっ
パパは
お仕事中
これ
見てー
ちょっと
まってて
ノグチさん↓
あそぼ
パパー
ヨシダさんは
夫婦仲悪いって
言ってたけど
大丈夫かなぁ…
夫が休日に家に
居ると
イライラするっ
やっぱり
この部屋
しょぼ〜い
集中できな〜い
こうして私の
テレワーク生活が始まった。

テレワーク1週目
さてと…
メールの確認……
<社内ニュース>
弊社の会社説明会は今年から Zoom により
Web 上で行うことに切り替えていたため
イベント中止の影響はありません。
へえー
大手エージェンシーの新卒フェアは中止になったって聞いたけど…
うちの会社ちゃんとしてる
もちろんノーメイク
…
カタカタカタ
その件は後ほどメールいたします
わっ!!
もうこんな時間!
案外集中できるなぁ…
まおさんこの間のアレ出して
えっと…今っ
こーゆーのがナイからだ!
さて!ごはんの用意でもするか!
うーん
普段なら仕事の後に自炊する気にならないけど
ずっと座ってたから
むしろなんか違うこと
したくなる!
仕事用ボックス

テレワーク2週目
チュンチュン…
おはよー!!
自分に言ってる
在宅勤務は自炊してもまだ時間があるし最近はジョギングもヨガも再開!
もちろんノーメイク
健康的になってる!
テーブル動かしてる
ピロンッ
まお元気にしてる～!?
今日は午前中お休みいただいて、
料理の講座をZoomとやらで、
受講します (^-^)
よかったらまおも!
ここをクリックしたら、
お部屋に入れるよ。
https://zoom.us/j/123123123
ミキは在宅勤務満喫してるなぁ～
…料理講座も気になるけど
最近よく聞くZoomってなに?どうやって使うの???
部屋って??
ラインやフェイスブックとどう違うの??
Zoom Zoom Zoom Zoom Zoom
とりあえず…私もこの部屋に入って料理講座を受けてみるか……
何時から?

テレワーク3週目
いい…
在宅ワーク
良い…
一人でいることが
苦痛じゃない私にとって
在宅ワークは案外
合ってることがわかった
自分のペースで
仕事ができるって
良い……
他人とのインタラクションがないと
こんなにエネルギー使わないんだと
びっくり！
会社の人には
絶対言えないけど…
ひとりで仕事できなーい
誰かと話してないとストレスー
今まで
平日は会社と飲み会
休日は習い事とデートに
時間を使っていたけれど
会社
飲み会
デート
映画行こう
お花の声きいて
習い事
在宅ワークを
するようになってから
この生活リズム
悪くないかも。
仕事
ジョギング
ごはんも
きちんと
そして、
気づくと、一日に数回、
Ｚｏｏｍにつないでいる
自分がいる。
もちろん
zoom
飲みも
ニュージーランドどんなかんじ？
それで知ったのは
世の中には、Ｚｏｏｍを
使いこなしている
「人たち」が大勢いる
ということ。
こんなこともしてる!?

料理教室
語学レッスン
OK!!
Japanese comic books called "manga"
Manga is popular worldwide.
ワークショップ
お花のこの辺を…
ズンバまで！
ハイ次は…
なんだか、Zoomが一世風靡。なんというか、未来への希望を感じる。
ZOOM
何か私もやってみたい！
ねえ、誰か教えて！Zoomの神さま
呼んだ!?
はい！イネミ先生です
Zoomの新しい世界にお連れしますよ！
!!
ZOOM

使い方はとっても簡単で、コミュニケーションはラクラク、楽しい！……2

Chapter 1

こんなことも、あんなことも!?

みんなのZoomスタイル22

サロン編
- 美容カウンセリング……14
- スナック……15
- こんまり流片づけコンサルティング……16
- カラオケ……17
- 着付け体験……18
- オンラインフェス……19

習いごと編

- 料理教室……20
- ファッションアドバイス……21
- 着付け講座……22

運動・健康編
- ダンス指導……23
- 筋トレ / フィジカルトレーニング……24
- ズンバ（ダンス）……25
- 断食（ファスティング）……26

物販編
- 手づくり財布販売……27
- ホームメイド蜂蜜販売……28

教育編
- 子ども向けのコーチング……29
- 英会話カフェ……30
- 保育園……31
- 未来マップ® 授業……32
- 子ども向けの塾……33

福祉・ボランティア編
- グリーフケア……34
- 介護ライフサポート事業……35

◆ Zoomを使ったスモールビジネスの始めかた……36

◆ Zoomワークショップの実施フローと使えるツール……42

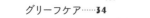

Chapter 2

郊外でも田舎でも世界でも!

Zoomだけで好きなことして生きる7人

1 岡崎香織（Zoom歴3年）
まさかの骨折で、仕事が全てキャンセル。
それが、文章講座のはじまりでした。……46

2 クルーファー美保（Zoom歴4年）
絶対無理。ありえない。
遠隔でセラピーなんて邪道、と思ってた。……52

3 船戸愛（Zoom歴3年）
40手前でアルバイト生活……
からのちゃぶ台返しで、仕事も家族も手に入れた。……58

4 池崎晴美（Zoom歴4年）
モノ消費に夢中だったキラキラ社長が
Tシャツ姿で打ち合わせ、ですよ。……64

5 松村直人（Zoom歴4年）
延べ500人以上のZoomデビューをサポート。
心地よさを追求したら、仕事になった。……70

6 レブランクかおり（Zoom歴4年）
コンピュータとWi-Fiさえあれば、どこでもOK。
リゾートで1時間だけ仕事することもできる。……76

7 秋田稲美（Zoom歴4年）
経営プロセスは、すべてオンラインを利用。
4年間に新事業を8つ立ち上げました。……82

◆ イネミ先生が伝授するZoom活用法……88

◆ 寄稿 オンラインで、より参加者が幸せになり成長する進行をするには？……90

◆ 画面のなかで自分を素敵に見せるコツ……94

Chapter 3

参加する? ホストする? ビギナーさん向け

かんたんZoomの使い方

Zoom環境を整えよう!……96

Zoomとは?……96

さあ、Zoomにつなごう!……97

参加する&主催する……98

PCとスマホ、どちらを使う?……98

安定したネット環境を確保……98

屋外(カフェなど)で使うなら……99

Zoomでのエチケット……99

Zoomに参加してみる……100

参加の手順と心構え……100

顔出し? 顔伏せ? マナーとルール……100

Zoomの便利な機能紹介……101

Zoomでホストしてみる……102

1回だけ or 定期的なミーティングの準備……102

参加者に招待を送りましょう……104

ホストとしてできること・注意したいこと……105

録画してみよう……106

ウェビナー機能で1万人参加のカンファレンス……106

ブレークアウトを使いこなす……107

スポットライトとビデオの固定とは?……107

さらに!上をいくテクニック……104

背景を変える(バーチャル背景)……108

ライブ配信する……108

字幕を表示……109

第2カメラを装着する……109

iPhone/iPad & Apple Pencilを使いこなす……109

カバー・本文イラスト……すぎやまえみこ
1章本文イラスト……髙野恵美子
ブックデザイン……加藤愛子(オフィスキントン)
執筆協力……服部貴美子
編集……大石聡子(WAVE出版)
編集協力……竹内葉子(トレスクリエイト)
3章監修……松村直人

Chapter1

こんなことも、あんなことも!?

みんなの Zoomスタイル22

Zoomって、
飲み会、打ち合わせ…
それくらいしか
思いつかない
驚くくらい、
いろんなことができるんですよ。
22人の楽しみ方を
見ていきましょう〜

サロン 編

美容カウンセリング

名前　**堀口裕子**
仕事　**スキンケアカウンセラー**

きっかけ・体験談

東京・麻布十番でスキンケア商品の販売をしています。お住まいが遠い（海外など）とか育児で外出しにいくというお客様から「店頭で話したいのに行けない」との声があり、Zoom を使うことに。自撮り写真を見ながら LINE で説明するのに比べ、悩みを聞きながら気になる箇所をチェックできて便利です。また、同業者の姉@山口県と実演撮影と資料共有を分担しながら講座をしたら大成功。商品ありきではないカウンセリングができそうです。

講座名　**美肌カウンセリング**

参加人数　個別（1対1、もしくはこちらが2人体制）　**開催**　月に5回程度
決済手段　無料　**募集**　フェイスブック、ブログ（アメブロ）

遠方に住む姉が同じ仕事をしているので、コラボで Zoom カウンセリングをしています。姉が話しながらデモンストレーションをして、私が画面の切り替えをします。一人では難しいことでも、息の合う姉とだったら可能です！

Zoomで美容カウンセリングをする５つのメリット

1　**お客様にとっての気楽さ（来店するほどではないことも気軽に聞いてもらえる）**
2　**世界中の方とつながることができる（お得意さまを転居で失うリスクが減る）**
3　**お子さんがいて来店が難しい方にも利用してもらえる**
4　**写真より肌の状態がわかりやすい（こちらが見たいところを確認しやすい）**
5　**資料共有ができる（症例、お肌構造の模式図、お客様の以前の写真などを提示）**

サロン 編

スナック

名前 **大竹由美子**
仕事 **企業研修講師（コーチ）**

きっかけ・体験談

以前から、海外在住の友人と「Zoom 飲み会」をしたいねと話していました。相談しているうちに昭和風のスナックにしたら面白いかもという話に発展し、日・豪・加の３カ国のママが仕切る形でスタートすることに。ママの心得は「全員に話すチャンスを作る」「初対面の人を早めに紹介する」の２つです。本業はコーチなので、気持ちを上げるための「ほめられバー」や「お叱りバー」などの需要があるかも?と。その時は会員制でやりたいですね。

講座名　気ままなママたちの気ママスナック

参加人数 約15人　**開催** 不定期　**決済手段** 無料　**募集** フェイスブック

それらしい背景も準備して〝昭和のスナック〟を再現しています。飲んだくれても飲酒運転の心配がないし、タバコもお好きなだけどうぞ。最近顔を出さないお客様には「どうしてる?今晩、おいで!」と電話します。

Zoomでスナックをする５つのメリット

1　**場所を選ばない**（３カ国のママがいるので、時差を生かしつつ長時間開催）
2　**海外からも参加できる**（お客様もワールドワイド!）
3　**画面を共有できる**（それぞれが飲んでいるお酒や肴を見るのも楽しい）
4　**他の事をしながらでもできる**（途中で寝たり、お風呂に入ったりする人も）
5　**服装、会場を気にしなくてもいい**（心の底からリラックスしてもらえる）

サロン 編

こんまり流片づけコンサルティング

名前 **新妻千枝**
仕事 **片づけコンサルタント**

きっかけ・体験談

休校中の子どもや在宅になった夫がいることで、ペースが乱れて鬱々としている主婦の皆さんのために企画しました。子どもと一緒に楽しんでもらうなら何?と考えて「たたみ方」を選び、コンサル仲間３人で試してから実施。親子参加はもちろん、90代のお母様とご一緒の方、赤ちゃんを抱いた方など、６回でのべ100人前後にご参加いただきました。楽しそうに家事をするお母さんを見てお子さんも自発的にお手伝い、という流れになれば素敵です。

講座名 **たたんでみよう＆おしゃべり会**

参加人数 **10〜20人／回（6回でのべ約100人）** 開催 **月2〜5回程度（不定期開催）**
決済手段 **無料** 募集 **フェイスブック（投稿・ライブ）、インスタグラム（投稿・ライブ）**

これなら
僕もお手伝い
できるよ!!
親子三代で
ご参加ありがとう
ございまーす!!

「おうちで、たたんでみよう♬」Zoom越しに、さまざまな場所、さまざまな年代の方たちが、シャツやパンツをたたみます。30分たたみ、30分おしゃべり。ありがとう!と感謝の気持ちを込めながらたたむことを伝えています。

Zoomで片づけコンサルをする５つのメリット

1 **アカウントなしで参加してもらえる**（しかも無料なので、参加のハードルが低い）
2 **講師と参加者との一体感がある**（顔が見え、声が聴こえることでライブに近い）
3 **参加者の居住地域や国を気にしなくてよい**（集客する上では有利!）
4 **移動の時間なしで、イベントに参加してもらえる**（ホストはけっこう忙しいですが）
5 **録画や配信ができる**（不参加だった人へのシェア、自分の楽しい姿の振り返りにも）

サロン編

カラオケ

名前 **池崎晴美**
仕事 **フリーアナウンサー**

きっかけ・体験談

アナウンサーのキャリアを生かし、話し方指導や「ハッピートーク®トレーナー」の養成講座をしています。仕事でZoomの便利さを実感していたので、オフでもBluetooth接続のマイクとカラオケアプリで遊んでいたら、面白そうだとマイクを買う友達が続出！サロンに集合すれば、合唱もハモりもできてノリノリです♪長年お世話になったスタッフのZoom送別会で『パプリカ』を歌って踊りました。一人で歌う姿を録画→チェックなんて練習もありですね。

講座名 **Zoomカラオケ**

参加人数 **1人～**　開催 **不定期（思いついたら）**　決済手段 **無料**
募集 **フェイスブックなど**

スマートフォンやタブレットに接続するだけでカラオケが楽しめるカラオケマイクを使います。2000～5000円くらいと手ごろなのに、ステレオスピーカーを内蔵していたりして、あなどれません。一人でも十分楽しめます！

Zoomでカラオケをする5つのメリット

1　**世界中の人とつながれる**（音楽の可能性が、さらに広がる感じ！）
2　**友達が増える**（初対面の人と一緒に歌うなんて、リアルでは滅多にない）
3　**なにしろ簡単！**（むずかしい機能を使う必要がないので、Zoom初心者向け）
4　**お金がかからない**（時間を気にせず楽しめる）
5　**自分で自分を撮影できる**（話し方もカラオケも、客観視するのが上達のコツ）

サロン 編

着付け体験

名前　**鈴木昌子（Shoco 姐さん）**
仕事　**人事コンサルタント**

きっかけ・体験談

格式のある着付け教室は、習い始める時にはハードルが高いですね。さらに初心者にとってはお金のかかる習い事になってしまいがち。〝ちゃんと〟着るんじゃなくて、〝ちゃっと〟着る。Zoom 講座なら、その人に必要な項目だけを1回完結で学べるので経済的です。教えた翌日に一人で着て出かけた写真が送られてくることもあります。ご自宅にあるものを使って学ぶから再現性が高く、録画したもので復習できるから定着率も良いのだと思います。

講座名　**Kimono Dream**

参加人数 基本は1人（1対1）　**開催** 週5回程度（受講者の要望に応じて）
決済手段 PayPal　**募集** フェイスブック、インスタグラムなどSNS、同友会などリアルなコミュニティを通しての口コミ

自宅で着ていただくので、家にある着物、帯、小物を使います。小物が足りなかったら代用品を探してもらいます（帯板がない時は、段ボールを使っていただくなど）。講師に甘えることができないので、成長が早いです。

Zoomで着付け体験をする5つのメリット

1　**場所が自由**（教室まで行かなくても自宅にいながら学んでもらえる）
2　**時間が自由**（早朝や夜遅くなど、仕事や家事に影響のない時間に受講可能）
3　**効率が良い**（2時間弱のレッスンを録画→自分で復習できて定着しやすい）
4　**画面共有により座学が充実**（染色、織物、生地の種類や文様などリアル画像を見せる）
5　**受講者にとって経済的**（1項目を1回完結で学べて、資格取得は希望者のみ）

サロン 編

オンラインフェス

名前 **まなみん&えりこ**
仕事 **起業家支援**

きっかけ・体験談

2019 年のアースデーに合わせてオンラインフェスを開きました。38 のブースに世界中からのべ 1000 人以上が集まってくれたのは、出店にも参加にも費用や移動時間の負担がない Zoom のおかげ。運営メンバー募集の説明会や企画会議も画面共有やグループセッションを使えば効率的かつ楽しく進みます。年齢、性別、職業などを越えて同じ思いの仲間が支え合う充実感はこの上ありません。

講座名 **E-Project「地球に社会に人に、あなたにやさしい明日へ」**

参加人数 **約700人～最高1117人**　**開催** **年1回**　**決済手段** **PayPalなど**
募集 **フェイスブックなど**

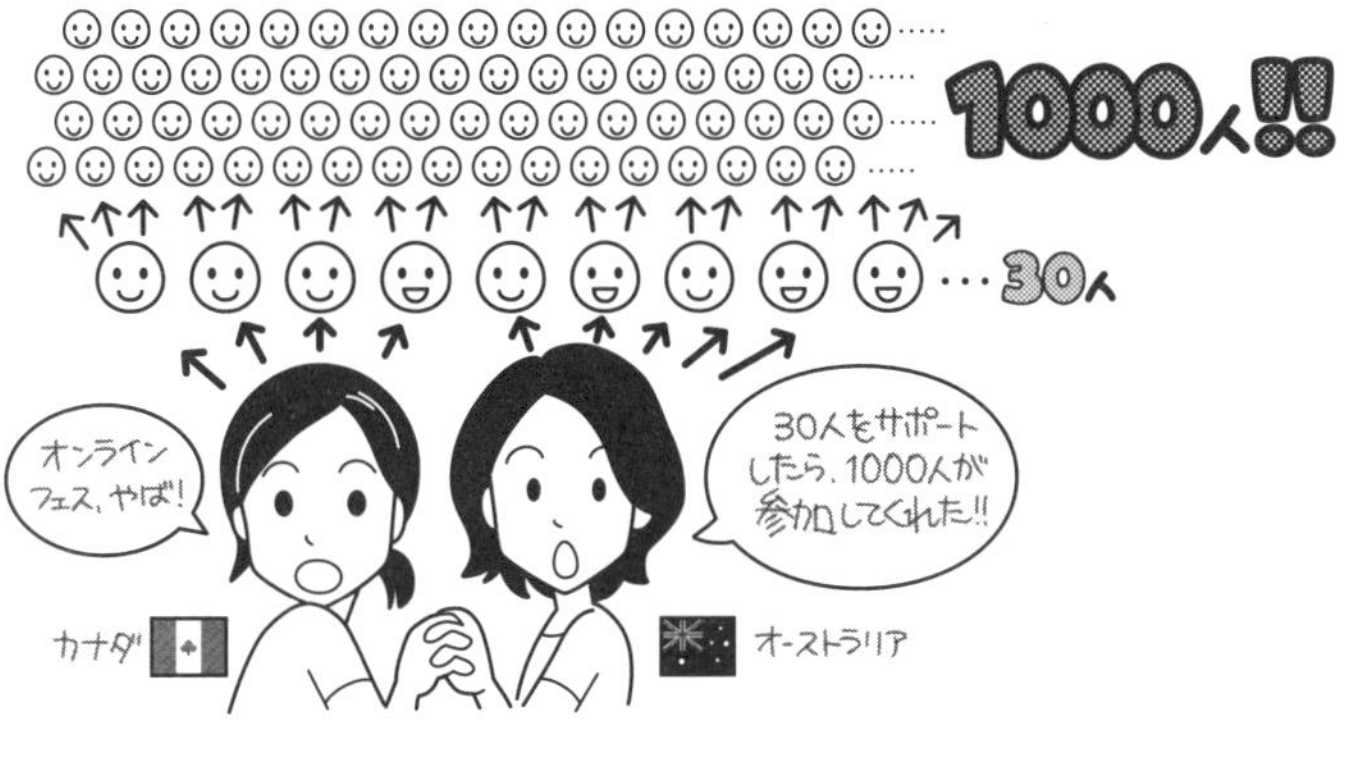

E-Project（アースデーに合わせた国際イベント）30 人の出店者を楽しみながらサポートしたら、3 日間で参加者が 1000 人に!!運営は、カナダとオーストラリア在住の 2 人。しかも 2 人はリアルで会ったことがないんです。

Zoomでオンラインフェスをする 5 つのメリット

1 **どこからでもアクセス可能**（移住、転勤、旅行などがあっても好きな仕事ができる）
2 **エコロジー**（お金も時間も節約できて、ストレス発生も抑えられる!）
3 **参加のハードルが低い**（移動の手間もコストもかからず、すき間時間に参加できる）
4 **固定費がほとんどかからない**（イベント会場や事業所を準備しなくていい）
5 **パートナーを世界中からみつけられる**（プロジェクトの立ち上げ～運営にぴったり）

習いごと 編

料理教室

名前　**小泉久美子**
仕事　**料理研究家**

きっかけ・体験談

自宅で料理教室をやっていた時は、材料や器具を揃えてキッチン以外の部屋も片付けなければならず、ヘトヘトでした。2019 年に初めてホストを経験し、8 人中 4 人が Zoom 料理教室初心者でも画面越に感動を共有できたことでオンライン化を決めました。何かしら体調不良がある人にも、電車に乗るなどの負担をかけることなく「重ね煮（食材が持つ陰・陽の性質を生かした美味しくて調和のとれた調理法）」を継続的にお伝えしていきたいです。

講座名　**重ね煮体験講座／重ね煮アカデミー養生科・基礎科（予定）**

参加人数　**各講座5~8人**　開催　**月5~10回**
決済手段　**PayPal、（日本の）銀行振込み**　募集　**フェイスブック、インスタグラム**

パソコン（カメラ①）と携帯（カメラ②）を並べて、手元（まな板）もお鍋も見えるように。イヤホンをつけると動き回れないし、声をちゃんと届けたいので、スタンドマイクをセット。あれこれ試して、自宅スタジオが完成！

Zoomで料理教室をする５つのメリット

1　**体調に自信のない方にも参加してもらえる**（たとえば、座りながらでも大丈夫）
2　**生徒さんのレベルが違っても気にならない**（一緒に作業するわけではないので）
3　**レッスン後にフォローアップしやすい**（気軽にコンタクトがとれる）
4　**受講後の再現性が高い**（調理器具なども自宅にあるものを使って学ぶので）
5　**講師も生徒もリラックスできる**（家族やペットがいても平気。慣れた場所から参加）

習いごと 編

ファッションアドバイス

名前　**ゴーブ典子**
仕事　**ファッションプロデューサー**

きっかけ・体験談

オンライン化した異業種の知人の話を参考に、カウンセリングシート（事前記入）に基づくイメージ画像を共有したり、お客様に手持ちの服や着こなしを自撮りしてもらったり。私のクローゼットからアイテムを取り出して即興でコーディネート術をデモすることも。人肌を感じられるやりとりのおかげで気の合う常連さんが急増中。2017 年末までは、自宅訪問や買い物同行に労力を奪われていましたが、いまは育児との両立もスムーズです。

講座名　オトナのファッション塾

参加人数 1対1で1回2人まで（ほかにグループ講座もあり）　**開催** 年2〜3回
決済手段 PayPal　**募集** フェイスブック、LINE公式アカウント、ブログ（アメブロ）

猫と生後4ヵ月の子どもがいる自宅が仕事場です。クライアントはほとんどが年上の日本人で、女性の経営者が多く、「これまでの自分を変えたい！」という要望があります。年下で海外に住む私と話すことで、思い込みの枠が外れるようです。

Zoomでファッションアドバイスをする５つのメリット

1　**つながる力**（リアルでは出会えない相手と一瞬でつながり、親しくなれる）
2　**新サービスの立ち上げがサクッとできる**（自分の強みや可能性を生かしやすい）
3　**見せる、見せないの切替えが自在**（クローゼットは見せるがパジャマ姿は見せない等）
4　**時間制限があるので対話力が磨かれる**（部屋を使える時間が決まっているため）
5　**世界が広がる！**（よりたくさんの人の生き方や考え方に触れられる）

習いごと 編

着付け講座

名前 秋田桃子
仕事 日本文化の研究家

きっかけ・体験談

岐阜県恵那市岩村で畑仕事を楽しむ傍ら年間約 800 人に対面で着付けを教えていました。2019 年末から Zoom サロンを主催するようになり、今年 4 月に京都とカナダから参加者を迎えて着付け講座を初開催。生徒さんの襟元とつま先が決まっているかといった確認も問題なくできますし、「座ったままでも着れるぞ!」なんて意外な発見も。着物を通して日本人が日本人であることが誇りに思えるように、Zoom を使って和の文化を世界に発信したいです。

講座名 サロン de モモコ

参加人数 1回約10人　**開催** 月2～4回　1回2.5時間（対面のときは3時間かけていた）
決済手段 PayPal、銀行振込み　**募集** リザーブストック、メルマガ、フェイスブック広告

私は 365 日着物で暮らしています。日本髪も自分で結います。海外が大好きなので、風呂敷を背負って世界中に出かけていきます。でも、英語が苦手で……度胸と愛嬌で乗り切っています。和の文化を世界に広げたい!です。

Zoomで着付け講座をする 5 つのメリット

1　**田舎暮らしと両立できる**（ローカルな暮らしでグローバルに働ける）
2　**記録や拡散をしやすい**（講座を録画できるので受講者が復習に使える）
3　**世界中とつながれる**（国内外どこからでも参加できる）
4　**利用料も集客コストも安い**（交通費や会場が不要）
5　**相互コミュニケーションがとれる**（画面越しに都度質問したり、自己紹介も名前を見ながら聞ける）

運動・健康 編

ダンス指導

名前　あらきちひろ
仕事　運動療育士（フリー）

きっかけ・体験談

会社を辞めて起業塾に入りました。キラキラ輝く仲間に刺激されて、４歳から続けてきたダンスで何かできないか、と。実は、前の仕事で喉を酷使して声をつぶしてしまい、スタジオインストラクターは無理と諦めていたんです。Zoom は 2019 年５月に始めたばかりでしたが、塾の仲間にモニターになってもらい、マイクやカメラ、小道具の使い方を試行錯誤。発達に凹凸がある子を支える『おやこ園』と並行して続けていきます。

講座名　**オンラインおやこ園／お家でバレエ／ボディコンディショニング／発達に凹凸がある子どものためのダンスサークル**

参加人数 1回15人まで　**開催** 週2〜5回、1回30分（喉への負担を考慮して）
決済手段 Peatix　**募集**『おやこ園』のWebサイト、フェイスブック

くるっと まわって〜 パッ!!
左右に目印のための色違いのポール.
パッ!!
パッ!
パッ!

レッスン中はインストラクターの全身を映すために、パソコンに広角レンズを外付け。マイクとスピーカーも必須です。「ピンク」と「ブルー」のポールを置いて「右」「左」の指示をわかりやすくしています。

Zoomでダンス指導をする５つのメリット

1　**お互いの電話番号を知らなくてもつながれる**（不特定多数の人と接点を持ちやすい）
2　**適度な距離感が保てる**（ジムでトラブル源になりがちな派閥、ギクシャクがない）
3　**双方向にやりとりできる**（参加者との関係性が一方的になりにくい）
4　**時間・場所を選ばない**（この先生に習いたいと指名してもらえるのが嬉しい）
5　**ダンスが苦手な人も遠慮なく参加できる**（スタジオ最前列にいる気分で受講して！）

運動・健康 編

筋トレ／フィジカルトレーニング

名前 **トイヤマ タカユキ**
仕事 **フィジカルトレーナー**

きっかけ・体験談

2017年にZoomを知り、こういうツールについていかないとチャンスを逃す！と直感。2019年から講座をホストしています。まずはマンツーマンで支障なく指導できると手応えを掴み、定員5人のグループレッスン「カラダリセット」に切り替えて、いまも継続しています。ただ、グループレッスンではどうしても〝最大公約数〟になってしまうので、個人の目的に焦点を絞ったパーソナルトレーニングもやりたいし、心理カウンセラーとのコラボ企画も進行中です。

講座名 **次の10年も健康で美しく人生が楽しくなるカラダづくり 90days**

参加人数 1人～（最大5人）／回　**開催** 週2回（男女向けプログラムをわけている）
決済手段 PayPal　**募集** フェイスブック、メッセンジャー、ペライチ

画面を通してでも、クライアントの動きを十分確認できます。自宅にあるような道具（椅子や机）を使ってできるトレーニングを工夫しながら伝えています。細マッチョになるトレーニングでは、自分も本気で筋トレします。

Zoomで筋トレ／フィジカルトレーニングをする5つのメリット

1　**移動時間ゼロ**（その分、スケジューリングが簡単で、リスケ対応もしやすい）
2　**場所代タダ**（高いマシンや器具を揃える必要もなく、固定費がぐっと抑えられる）
3　**交通費がかからない**（複数のジムで働いていた人ほど、コスト削減効果は大きい）
4　**お客さんのエリアが世界中**（海外にもお客様は大勢潜在している）
5　**グループプログラムでもお客さん同士のプライバシーが確保できる**

運動・健康 編

ズンバ（ダンス）

名前 Naomi
仕事 会社員

きっかけ・体験談

もともとは対面レッスンが大好きで動画配信には興味ナシ。ところがスタジオが閉鎖になって３日間くらい落ち込んで……。ドイツの自宅を見回し、地下は?バルコニーは?っていろいろ考えたけど、一番生活感がない寝室から荷物を追い出し、スマホ２台を駆使してZoomしてます。自分を盛り上げるために衣装やメイクに気合いを入れたら、生徒さんが笑ってくれたのでそのノリのままスタート!ホスピタル・クラウンの気分で暗い気分を吹っ飛ばすよ。

講座名 オンラインズンバ

参加人数 約30人　**開催** 週3〜5回　1回1時間　**決済手段** PayPal

募集 口コミ、フェイスブック

インストラクターの私が、スマホを縦にセッティングして画面からはみ出さない範囲で踊るので、参加者も自宅の狭いスペースで踊れます。正面から見て動きやすい振り付けを工夫しました。在宅勤務の方の運動不足解消になれば!

Zoomでズンバ（ダンス）をする５つのメリット

1. 世界中どこにいる人でも参加できる（言葉が通じなくても踊って一つになろう!）
2. 家を一歩もでないで参加・開催できる（通勤や準備時間が大幅に短縮される）
3. 会場の確保、費用がない（何人集まるかわからなくても気楽に企画できる）
4. 双方向性（主催者と参加者・参加者同士の相互コミュニケーションがとれる）
5. 参加人数の上限がない（どんどん参加者が増えて、盛り上がる!）

運動・健康 編

断食（ファスティング）

名前　**安藤順子**

仕事　**コーチ＆ファシリテーター**

きっかけ・体験談

初日の説明と最終日の振り返りの間に、準備食３日、断食５日、復食２日が入る10日間のファスティングを指導しています。集合画像のBefore & Afterを見れば効果は一目瞭然。情報に流されて何気なく足していた食に制限がかかるだけで、けっこう心が揺れるもの。些細な戸惑いや感動を小グループで共有したり、全員で食の勉強や瞑想をしたり。隔日でZoomにアクセスすれば、道場などの非日常に頼らなくても誘惑に負けず続けられます。

講座名　**じぶんを感じるファスティングオンラインコース 10days**

参加人数 20人まで　**開催** 不定期（これまでに10回実施）

決済手段 PayPal・銀行振込　**募集** フェイスブック、ホームページ

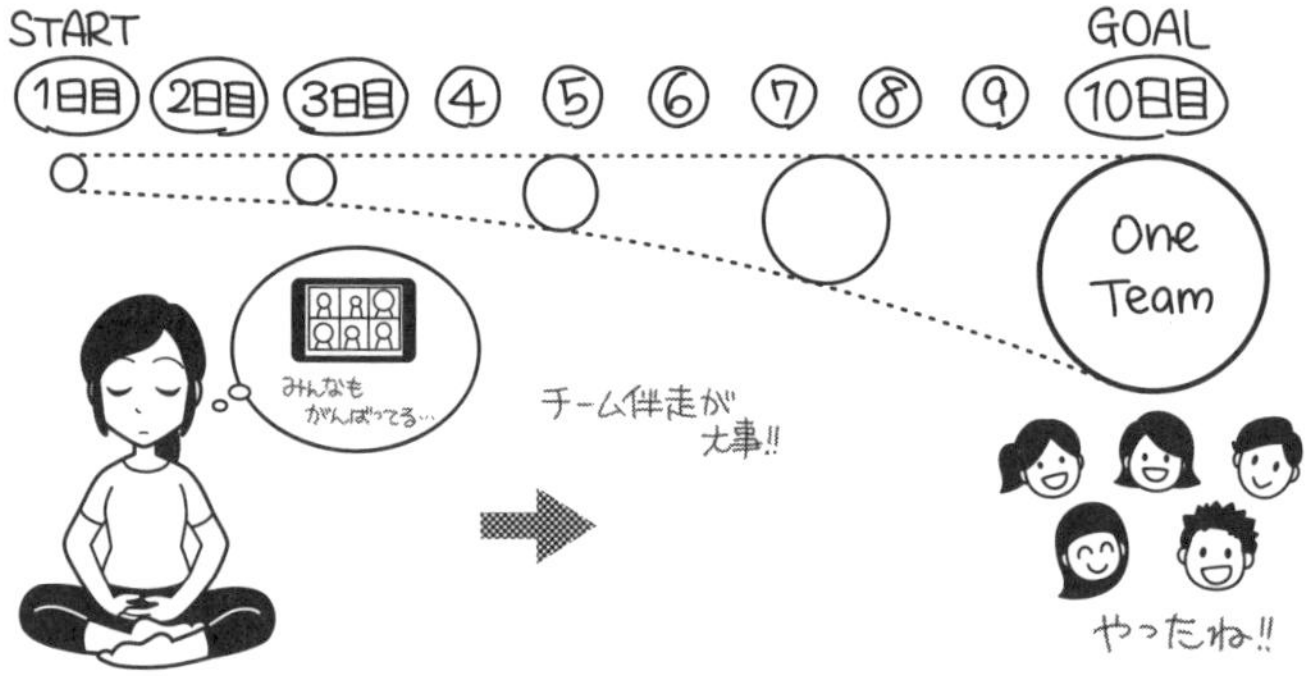

普段の日常生活を続けながら断食することがポイント。断食中は感性が研ぎ澄まされ頭がすっきりするので、プレゼンが上手くいったりします。グループで断食をサポートし合うので、チームが一つになり、旧友のようになることも！

Zoomで断食（ファスティング）をする５つのメリット

1　**移動しなくていい**（わざわざ、断食道場やリゾート地に行く必要なし）
2　**気楽に参加できる**（顔を出さなくてもいいので、他の参加者のことが気になりにくい）
3　**リラックスできる**（自宅などで日常生活を送りながらチャレンジできる）
4　**画面で記録できる**（効果＝身体の変化がわかりやすい）
5　**不思議な一体感が得られる**（体と向きあうことによる感動を共有するからかも）

物販 編

手づくり財布販売

名前 **友田陽子（椿）**
仕事 **オーダーメイド作家**

きっかけ・体験談

オンラインショップに手づくり小物を納めていました。1ヵ月100個が限界だし収益は少ないし…で疲弊して離脱。子育て専念期間を経て2016年に自分のブランドを立ち上げました。フェイスブックグループの友達18人が最初のお客様。Zoomを見ながら素材やパーツを選んでもらい、完成を待つ間に〝予祝〟の講座を受けてもらい、財布の〝開封式〟や財布を使い始めて起こった嬉しいお金の話を共有し合うコミュニティづくりをしています。

講座名 **ザブザブ財布の会**

参加人数 **最大30人** **開催** **1年に4回** **決済手段** **PayPal・銀行振込**

募集 **フェイスブックイベントなどSNS、購入者の口コミ**

新車を買っちゃった！思いがけない大金が入ってラッキー！というような話は、他人になかなかしにくいもの。でも、本当は誰かに言いたいから、「ハッピーなお金の話」ができるコミュニティで遠慮なく喜びをシェア！

Zoomで手づくり財布販売をする5つのメリット

1 **世界中の人がお客様候補**（物販はマーケットが大きいほど夢がある）
2 **いつでも仲間とつながれる**（コミュニティが盛り上がるほど口コミも広がりやすい）
3 **会いたいときにすぐ会える**（購入者からのハッピーニュースがタイムリーに届く）
4 **録画できる**（都合で参加できなかった人に、後でシェアしてあげることも可能）
5 **移動の必要がない**（お清めのために神社へ、発送のために郵便局へ行くだけ）

物販 編

ホームメイド蜂蜜販売

名前 **メルヒャー華代子**
仕事 **養蜂家**

きっかけ・体験談

海外では何千年もの歴史がある蜂蜜ですが、日本の食卓に入ってきたのは明治時代。歴史が浅い分、蜂蜜（養蜂）と暮らしのつながりが知られていないので、オリジナルの紙芝居を使ったお話し会を開催しています。また、「日本では買えない」蜜蜂コスメや蜂蜜、ドイツの食材を使った手作りクッキーなどと組み合わせたギフトセットをミツバチの日（3月8日）に合わせて企画。今後は、事前にサンプルをお送りして試食会などもやってみたいですね。

講座名 **Melcher's Honigの子どもから大人まで地球に優しいミツバチの話**

参加人数 **約80人**　開催 **不定期**　決済手段 **お話し会は無料**

募集 **フェイスブック、実店舗**

蜂は駆除するもの、怖いもの、と思われたりしていますが、蜂は果物や野菜が実るための受粉を行っている貴重な生き物です。蜂のことを正しく理解し、蜂と仲良くなってもらえるように、ミツバチと蜂蜜の説明をしています。

Zoomでホームメイド蜂蜜販売をする5つのメリット

1　**同時間にワールドワイドで利用できる**（どの国からも参加できる）
2　**写真や動画の記録を保存できる**（振り返りができ、繰り返しの利用ができる）
3　**自分側の映像なしでも利用できる**（受講者の希望でプライバシーを守れる）
4　**バーチャル背景が使える**（表現したいことを背景に使えるので、部屋のレイアウトが不要）
5　**リアルでの会話に近い**（画面と言葉でよりわかりやすく説明ができる）

教育 編

子ども向けのコーチング

名前 **津村柾広（つむちゃん）**

仕事 **メンタルコーチ**

きっかけ・体験談

普段は『ハッピーと勇気を与えるプロコーチつむちゃんのRYOMA塾』などの講座を開いています。学校現場にお邪魔することも多かったので、休校中の子どもたちを対象に毎朝9時から15分間の「Webホームルーム」という場を作りました。朝から着替えて画面の前に座るだけでも生活習慣が整って前向きになれるもの。「家族以外の声が聞けた」「違う学年の人と一緒なのが楽しい」とハッピーな感想が届いています。

講座名 **Webホームルーム**

参加人数 毎日20人くらい　**開催** 平日毎日（朝9時から15分間）　**決済手段** 無料

募集 フェイスブック

毎朝15分間、勇気づけすることに徹しています。心がけは、「いいね～」と言語でも非言語でもウェルカム感を出し、全員に話しを振ること。未就学児～高校生まで参加してくれて、大きな家族みたいになってきました。

Zoomで子ども向けのコーチングをする5つのメリット

1. **青森にいながら世界とつながれる**（地方在住がハンデではなく個性になる）
2. **たくさんの人と時間を共有できる**（リアルの教室より数が多く年齢が幅広い）
3. **表情やボディアクションなど非言語のコミュニケーションもできる**
4. **傾聴しやすい**（コーチングやカウンセリングにぴったり!）
5. **日本中のどこの学校でも特別授業やワークショップが可能になる**

教育 編

英会話カフェ

名前　**與古田まり子**
仕事　**英会話講師**

きっかけ・体験談

2年前に沖縄から韓国に転居。4歳と1歳の娘がいるので通勤は難しいけど、起業塾に入って自分にもできることはないか探していました。2019年1月にプロコーチ講座でZoomを知ってウキウキわくわく！受講者さんがビギナーでも1クリックで参加できるし、最初に画面オフと音声ミュートの方法を教えておけば後はスムーズ。ボイスメールやメッセンジャーに比べて顔が見えるのでより楽しく、自然にアウトプット量が増えますね。

講座名　**①英語 DE アウトプット（有料）②Fun English Café（無料）**

参加人数　①月3人（個別）②各回10人前後　**開催**　①要望に応じて ②月に1、2回
決済手段　①PayPal　②無料　**募集**　①②ともフェイスブック

平日19:00～22:00は
お仕事モード!
Hello!
あと30分か…
ハイハイ…
パパ、次
これ遊ぼー!
ママ～!
1才
4才

独身時代は沖縄で中高の英語教員をしていました。今は、母親でも妻でもない一人の私として社会とつながりたい！と夫を説得し、平日夜の7～10時は私の仕事時間にしています。英語が話せるって楽しい！を伝えたいです。

Zoomで英会話カフェをする5つのメリット

1　**在宅でできる**（時間もお金も節約しながら社会とつながりを持って働ける）
2　**世界中とすぐつながれる**（お客様の幅が広がる）
3　**スキマ時間を生かすことができる**（子育て中の人には、とくにおすすめ！）
4　**感染症の心配なし**（コロナに限らず風邪やインフルも小さい子がいると心配）
5　**簡単に始められる**（初期コストが安いので、起業時のハードルが低い）

教育 編

保育園

名前 **まつうらえりこ**
仕事 **保育園運営**

きっかけ・体験談

幼稚園の教員などの経験を生かし、休校中に「オンラインおやこ園」を始めました。スポットライト機能を使い、説明を聞かせたいときは私が、発表をしてもらうときには子どもたちが目立つようにしています。画面越しだと羞恥心が薄れるようで、初めはためらっていた子も堂々と発表できるように。イベントで世界の子どもたちが「ひなまつり」を合唱したときは泣けた～。リアルの園が再開した時、この国際力がどう開花するか楽しみです。

講座名 **オンラインおやこ園**

参加人数 **5～10人**　開催 **週6回**　決済手段 **無料**
募集 **リアルの保育園の園児さんが対象**

未就学児の保育をする「オンラインおやこ園」は講師二人がかりで進行、オーバーリアクションで盛り上げます。ずっと踊っている子、ご飯を食べさせてもらっている子、画面から外れて走り回る子、みーんな元気、自由です。

Zoomで保育園をする 5 つのメリット

1　**世界とつながれる**（子どもたちにとって海外がぐっと身近になる）
2　**リアルよりも話しやすい**（画面越しになる分、威圧感などが弱まるのでは?）
3　**場所と時間を選ばない**（移動する手間がかからないので、参加のハードルが低い）
4　**連絡手段以上のコミュニケーション力**（動画の効果。LINE とはまったく別モノ）
5　**リラックスできる**（隠しても素の自分が出てしまうので、飾る必要がなくなる）

教育 編

未来マップ®授業

名前　川原洋子
仕事　コーチ／ファシリテーター

きっかけ・体験談

多いときは週６あったピラティスの仕事がコロナ自粛中はゼロ（泣）。そこで、2017年９月から参加者として楽しんできた　セミナーを主催することに。世界中とつながれるメリットを生かすならSDGsをベースにした「未来マップ®授業」が最適だと考えました。子どもたちと一緒にSDG sについて学び、自分の夢とリンクさせ、SDG s×夢＝未来のマップを作っていきます。地球を守るためのアイデアをシェアしたり、夢の発表をしたり。World Peace！

講座名　夢×SDGs＝MIRAI Map
～自分・他者・社会・地球・4つの視点で2030年の夢を描く～

参加人数　2人～5人　**開催**　月2回　**決済手段**　PayPal、銀行振込
募集　フェイスブック

ICT化に伴う小中学校の授業にピッタリ。世界中の子どもたちと繋がれるので、自然にその国のことを理解したり、いつか会おうね！と約束したり、SDG sについて調べて対話したり。まさに未来の教育、未来マップ®！

Zoomで未来マップ®授業をする５つのメリット

1　移動時間が０分（講師も参加者も。寝坊しても、着替えていなくても平気）
2　URLのクリックだけで簡単に参加してもらえる（子どもにもわかりやすい）
3　パワポの資料も共有できる（人数がわかってから印刷するって割と大変な作業だった）
4　録画ができる（参加できなかった人へのシェアや、学びの振り返りに活用）
5　世界中からどこでもアクセス可（地図を出して「ここだよ」と見せるとインパクト大）

教育 編

子ども向けの塾

名前 **Koko**
仕事 **塾経営者**

きっかけ・体験談

コロナ自粛を機にZoom指導スタート。教材は各自が持っているのでファイル共有は行わず、生徒の表情を画面に映して表情から理解度を推し量っています。予習・復習が主体の対面授業に比べて、部屋の背景に映り込んでいるものを英語で言ってみるなど遊び感覚で会話の量が増え、ご両親が復習をフォローしてくださるなど良いことばかり。送迎の手間がないことも歓迎されており、私も家を空けなくてすむので土日も働きやすくなりました。

講座名 **学習塾・英語塾**

参加人数 3人まで／回　**開催** 1回60分または90分／1日2～4時間
決済手段 銀行振込み　**募集** 口コミ

子どもたちは、ギリギリまでご飯を食べたり、お風呂に入ってたりして、終わったらすぐに寝られるように準備万端で授業に入ってきます。保護者の方は送迎の手間がなくなって、有意義に時間を過ごせる!!と大好評です。

Zoomで子ども向けの塾をする5つのメリット

1　**時間調整が楽**（急に用事ができたり体調が悪くなったりしても、振替えがカンタン）
2　**生徒の進度を確認しやすい**（動画がクリアなので対面と比べても遜色がない）
3　**子どもとの対話が増える**（対面より楽しいのか、たくさん発言してくれる）
4　**保護者が側にいるのに圧迫感がない**（フレームの外で見守ってくれている）
5　**他の先生との協力、保護者のフォローが期待できる**（学習効率が上がる）

福祉・ボランティア 編

グリーフケア

名前　**おおつかみなこ**
仕事　**グリーフ専門士**

きっかけ・体験談

グリーフケアとは、大切な人との死別や、様々な喪失体験により、悲嘆の日々を過ごしている人に寄り添うこと。私は2018年から　グリーフケアを始めました。喪失感を開示するって辛いことだから、身近な人よりカナダ（海外）にいる私の方が話しやすいと思ってもらえるのかもしれません。電車に乗ったり、家から出るだけでもしんどい人も、ベッドの横にPCを置いて寝ころんだまま参加してもらえるので喜ばれています。

講座名　**グリーフケア**

参加人数 基本は1人（1対1）　**開催** 不定期　**決済手段** 無料
募集 フェイスブック

クライアントは自宅でベッドに入ったままカウンセリングを受けることもできるので、終了後にそのまま寝てしまっても大丈夫。Zoomの音声をミュートにして大泣きしたり、画面から外れて鼻をかむこともできます。

Zoomでグリーフケアをする5つのメリット

1　好きな場所から参加してもらえる（自宅でもオフィスでも。海外からでも大丈夫）
2　お互いにお金と時間の節約になる（移動の負担がないので。心身の疲れも軽い）
3　他人を気にせず参加できる（自分の世界にひたれる）
4　ドタキャンがしやすい（体調が悪い時など）
5　秘密が守られる（身内にも知られない）

福祉・ボランティア 編

介護ライフサポート事業

名前　いなぐまあやの
仕事　ヘルパー（介護福祉士）

きっかけ・体験談

ケアラー（介護する側の人）たちのモヤモヤを共有するための場として、不定期で交流会を開いています。最近は、デイサービスに通えなくなった高齢者さんに向けて遠隔でレクリエーション指導をするように。画面がテレビ電話より大きいですし、一方的なモニタリングと違って、見慣れた顔、聞き慣れた声で双方向にやりとりできるのがいいですね。訪問介護でも、服薬や食事などの見守りにも使えるかも?と可能性を感じています。

講座名　**ケアラーズカフェふわり縁**

参加人数　基本は1人（1対1）　開催　不定期　決済手段　相談　募集　口コミ

高齢者でも見やすいように、大画面テレビにZoomを接続。ケアラー側も画面越しに様子を見ながら1ステップごとに指示を出していきます。知った顔と声で働きかけることで高齢の方は安心感を得られるようです。

Zoomで介護ライフサポート事業をする5つのメリット

1　どこからでも参加できる（娘さんが海外でご両親が日本、といったケースも）
2　資料や画像を共有できる（認知症の方には言葉だけでは伝わりにくいことも多い）
3　まずは無料から始められる（非正規雇用が多い訪問ヘルパーさんにも薦めやすい）
4　リアル感がある（電話より直接会っている感覚に近く、気持ちが伝わる気がする）
5　グループごとに部屋をわけて話せる（将来は、事業所の研修などにも使えそう）

Zoomを使った
スモールビジネスの始めかた

『十人十色』という言葉がありますが、1章に登場した皆さんは、まさに22人それぞれが自分らしい花を咲かせてＺｏｏｍを上手に活用していましたね。まだまだ使い始めたばかりの方も、何年か続けてきた方も、自分のサービスが誰かの役に立っているという手応えや充実感が、インタビューへの受け答えからほとばしっていました。

ここからは、先の見えない時代に「なにか、自分で始めてみたい」「収入の経路を複数にしたい」と考えるあなたのために、Ｚｏｏｍでスモールビジネスを始めた人たちが、具体的に何から始めて、どんな道を歩み始めているのかというプロセスをご紹介します。

まずは、思いつきを「つぶやく」ことで、市場の反応をみる

たとえば、人と人をつなげたいという思いから結婚相談ビジネスに興味を持ち、軽い気持ちで、「近々、Ｚｏｏｍ婚活パーティをしようかなぁ」と、つぶやいた女性がいました。すると、百数十名（男女比３：７）が集うフェイスブックグループの参加者から、すぐさま「私、参加したい！」「待ってましたー」「既婚でも大丈夫ですか？」「残念、独身だったらなぁ……」とさまざまな反応があったのです。

しかも、そのすべてが女性から発信されたものだったので、思いがけず「需要がある」「男性は消極的」ということがわかったのです。そして、なぜ男性が積極的になれないかという理由を考えていくうちに、男性向けの自己ＰＲ指導やファッションアドバイスなどに需要があることを掘り起こし、「Ｚｏｏｍ婚活パーティ」実施と並行してオンライン講座を開催することにしました。

リアルなら自分の心や頭の中だけで終わっていた思いつきが、〝つぶやき〟によって表面化したことで市場が反応し、スモールビジネスが始まるきっかけになったのです。

このようにＳＮＳなどで思いつきをつぶやくことで市場の反応をみながらビジネスを構築していく。これは、今どきの「スモールビジネスの始めかた」の王道だと言えそうです。

市場とコミュニケーションをとりながら、需要を掘り起こす

こんな事例もあります。新型コロナウイルスの蔓延による緊急事態宣言の影響で、大学生がバイト先を失い、暇を持て余していることを知った女性が、「Ｚｏｏｍでカテキョ（家庭教師）受けてみませんか？　時給１０００円～大学生のお姉さん＆お兄さんが勉強をみます。小学生限定」と、ご自身のフェイスブックに投稿したところ、「家でゴロゴロしている息子に教えさせたい！」「ドイツ語を習いたい方、いますか？（ドイツ在住）」「グッドアイデア！！私でお役に立てたら」と、「教えたい！」側からのコメント（家庭教師の立候補）がたくさん集まりました。

一方、ダイレクトメッセージで「うちの子に試させたい」という依頼も多々あり、さっそくマッチングしようとしたら、ご依頼の中には、「うちの子は、６歳なんです。勉強をみてほしいというより、そっと見守ってあげてほしいのですが……」というものもありました。そこで、立候補者にインタビューをして個性を知ったうえで子どもとつないだところ、どれも大成功だったのです。依頼をした保護者からは、「送迎が要らないなんて、最高！ずっと続けてほしい」という声が届き、スモールビジネスが始まりました。

この事例からも分かるのは、「こういう商品やサービスが売れるんじゃないか？」という思い込みから先に商品をつくりこんだり、ホームページなどを用意したりする前に、ゆ

るーく市場とコミュニケーションを始めることで思わぬ需要に気づくこと。このようなビジネスチャンスが今の時代はゴロゴロしているんだと思います。

好きなことだけやって、生きていけるスモールビジネス

もしあなたが、「好きな時間に、好きな場所で、好きな仕事をして、好きな人と、好きなものを食べ、好きなものに囲まれ、好きなように暮らしたい」と言ったとします。20年前だったら「そんなこと、できるわけ無いでしょ」と頭から否定されたでしょう。それが今では、「できるんじゃない？」という気持ちになっている人も多く、本当に実現している人も見かけるようになってきています。

なんといってもそれは、ＩＴのチカラです。Ｚｏｏｍにフェイスブックなどの ＳＮＳを組み合わせて発信すれば、あなたの「好きなこと」がどんなにニッチでも、あなたが生きていくのに必要なだけのお客様と出会うことができるようになりました。

リアルな商売をしていて会える人が1だとすると、ネット上には百や千や万の人がいるので、「好きなことだけやって、生きていけるスモールビジネス」が十分に成り立つのです。

もし私の言うことが信じられないなら、始めてみてください。

やってみると、「意外に簡単だった。もっと早く始めたらよかった」と感じると思います。そして、好きなことだけやって生き始めたら、もう元には戻れません。それを覚悟で一歩

踏み出した人から順番に、Ｚｏｏｍの本当の価値と可能性に気づいているようです。

信頼と共感でつながった「仲間」の存在

さらに特筆すべきは、一章でご紹介した22人の実践者たちに、オンラインでつながる仲間がいたという共通点があったことです。「テスト運用に付き合ってくれた」「迷っていた時に相談に乗って背中を押してくれた」「苦手なＰＣのことを教えてくれた」など、単なる助けい合いの域を超えて、お互いの行動を誘発し合えるコミュニティがあったことで、自尊心を高くキープできている様子が伝わってきました。コミュニティといっても、会社のような上下関係のある組織や、ギブ＆テイクが求められるようなビジネス交流会とはまったく違います。ギブ＆ギブ＆ギブ……という循環の中に身をおくことで、弱みをさらけ出しながら、一方では誰かに貢献できる強みを発揮できるコミュニティです。

私自身は２０１６年に鈴木利和さんが立ち上げた「ありえる楽考（がっこう）」に参加したとき「この居心地の良さはなんだろう」、と味わったことのないコミュニティの質感に感動したのがきっかけです。そして翌年には「起業ひふみ塾」を立ち上げました。今、ひふみ塾の塾生もそれぞれのコミュニティを立ち上げ始めています。

志を同じくする人と本音で接する機会を増やしていけば、あなたもきっと素晴らしいコミュニティをつくっていけるはずです。

無理だ↓できるかな?↓できるかも↓できる!

スモールビジネスの起業をサポートしていて一番感じることは、「内側にある世界が、外側の世界をつくっている」ということです。自分の心の中に、「無理だ」という思いがあると、外側の世界に「できない」現実が現れます。心の中が、「できるかな?」「できるかも」に変わると、外側の世界に可能性がみえてきます。そして、心の中に「できる!」という気持ちが育ってくると、外側の世界に「できた!」という現実が現れるのです。

「何をするか」より前に、「何をしたいか」が大事だし、「何をしたいか」の前に、「何にワクワクするか」が最も大事なのです。

あなたの中の、「好き」「ワクワク」に耳を澄まし、それをＺｏｏｍにのっけて発信したら、広い世界とつながって共感してくれる人がみつかり、仕事にできる時代がやってきました！　だから、あなたの興味や関心を、勇気を持ってさらけ出してみてください。

ものすごいスピードで夢が叶うかもしれませんよ。

Zoom ワークショップの実施フローと使えるツール

一刻も早くワークショップを開催したくなってきたあなた、ちょっと待って！
まず、実施前からフォローまで全体の流れを把握しておきましょう。
スムーズに準備ができるし、参加者の満足度も高くなりますよ。

企画

- □ 開催日時
- □ タイトルや内容
- □ お誘い文
- □ 参加費

↓

- □ Zoom のスケジューリング

どんな人の、どんな悩みに応えるイベントなのか？参加者の興味関心を満たし、問題や課題を解決できる、ということを［タイトル・内容・お誘い文］で表現します。

告知

□ フェイスブックイベント、グループ　□ツイッター
□インスタグラム　□WEB サイト　□メールマガジン

〈イベント告知サイト〉

- **Peatix　https://peatix.com**
  手数料はやや高めですが、クレジットカード、コンビニ払い、銀行振込、PayPal と、決済方法が多彩で告知→出欠管理→決済までワンストップでできます。
- **SENSEI ポータル　https://senseiportal.com**
  先生向けのイベントが地域別で掲載できるサイトです。

他にもあります！
□こくちーず　https://kokucheese.com
□ストアカ　https://www.street-academy.com
□リザスト　https://www.reservestock.jp

決済①

- PayPal　参加費の集金に便利です。 さらに PayPal マネープールを使うと、告知ページも同時につくることができます。
- Amazon ギフト券
  Amazon での買い物にしか使えませんが、送る側・受け取る側どちらにも手数料がかかりません。

決済②

■ **銀行振込み**

クレジットカードを持たない方や、ITが苦手な方はまだまだ多いもの。ネット銀行にアカウントを持っていると、開催ギリギリの入金でも入金確認ができて便利です。

領収書が欲しいと言われたら?

- 「金融機関の払込受領書、もしくは払込完了画面をもって領収書に代えさせていただきます」とお知らせします。
- イーレシート
  オンラインで領収書を作成し、ダウンロードURLを通知します。
  https://www.ereceipt.jp
- Peatixには領収書発行機能もついています。

リマインド

■ **e-mail**　汎用性が高いので大規模イベントのときにおすすめ

■ **LINE**　■ **メッセンジャー**　いざという時に通話できる

参加者とコミュニケーションするにあたり、メインのツールを1つ決めておきましょう。メインのコミュニケーションツールを使っていない参加者には、個別で対応する必要があります。

開催

□ 録画／録音／チャットの保存

□ 資料の共有

↓

□ アンケート（満足度などを知るため）

アフターフォロー

□ 資料（スライド）提供
- ■ パワーポイントなど
  （PDF化、透かしを入れるなどで情報を保護しましょう）

□ お礼メッセージの送信
- ■ e-mail　■ LINE　■ メッセンジャー など

□ コミュニティへの招待
- ■ フェイスブックグループ
- ■ オンラインサロン など

数日後に進捗確認をしたりZoom懇親会で感想を伝え合ったりすると、満足度が上がり、リピートや紹介につながりやすくなります。リアル会場参加型のイベントのフォローにも使えます。

動画配信

■ **YouTube／フェイスブック**

Zoomイベントをリアルタイムで YouTube やフェイスブックに配信したり、一旦録画して編集したものを後日 YouTube やフェイスブックにアップロードすることができます。

■ **Vimeo**

高画質な動画のアップロードをしたり、動画視聴にパスワードをつけたりするなど、より細かい設定ができます。

〈動画販売〉

Zoomイベントや、Zoomセミナーを録画し、後日オンライン講座やセミナー動画として販売することができます。

■ **まなつく**

「まなび」の提供に特化していて、オンライン講座の会員制サービスも設定できます。

https://manatuku.com

報告PR

□ フェイスブック　□ ツイッター

□ インスタグラム　など SNS 投稿

□ ブログ　□ WEB サイト　□ メールマガジン

実施レポートとして、参加者の声や当日の写真を載せると、楽しいイベントの様子が伝わり、口コミや次回開催への PR 告知にもなります。

次の開催へ!

Chapter2

郊外でも田舎でも世界でも！

Zoomだけで好きなことして生きる7人

次からはさらに、100% Zoom で仕事して、稼いでる人たちをご紹介しますね！
Zoom で副業や起業もラクにできちゃうなんて、びっくり！
ステキ

まさかの骨折で、
仕事が全てキャンセル。
それが、文章講座のはじまりでした。

岡崎香織（Zoom 歴 3 年）

職　業　プロコーチ、SNS 発信サポート
家　族　ワーキングホリデーで、ニュージーランド生活中。
B&B、フラット（シェアハウス）など、転々と滞在
講座名　プロじゃなくても書ける！文章講座～コーチング×書くの法則とは？～

時間 90 分　**開催** 不定期　**決済手段** PayPal、銀行振込
募集 フェイスブック、ブログ告知

BEFORE 広島の実家住まいの箱入り娘

実家で母親と二人暮らし。『デジタル嫌い』で、極力 PC やスマホを避けて暮らす。片づけコンサルタントとして、クライアントのご自宅を訪問したり、片づけの方法を伝えるセミナー、スッキリと整頓された自宅を公開するツアーを実施したり。

AFTER ニュージーランドで半年に 3 回引っ越し

Wi-Fi さえあれば、どこでも暮らせる。ワーホリで滞在中のニュージーランドで、トキメキを求めて半年の間に 3 回の引っ越し。仕事はオンライン、プライベートは旅先で出会う人とのコミュニケーションを楽しんでいます！

フリーランスでのプロコーチと、ＳＮＳを使った情報発信をサポートする仕事をメインに働いています。２０１７年に起業した頃は、月に8回くらいは、「こんまり流ときめき片づけレッスン」の講師として、遠い時は片道2時間かけてお客様の家を訪ね、１回５時間のレッスンをして帰ってくるという日々を過ごしていました。

今振り返ると時間に追われる毎日だったけど、たくさん依頼をいただけるのがありがたくて、ノリノリだったのです。が、２０１８年の年末にまさかの骨折。レッスンをすべてキャンセルしなくてはならなくなったのです。いきなり目の前が真っ暗になりました。

どうしよう、どうしよう……と悩んでいるうちに頭に浮かんできたのが、２０１７年に参加したＺｏｏｍイベントのことでした。いまでも私はデジタル生活にちょっぴり苦手意識があるのですが、当時も「パソコンやスマホ中毒になりたくない」という思いから、デジタル機器から離れて過ごすようにしていたのです。Ｚｏｏｍについても、プロコーチとのセッションに使うからと言われて、なかば仕方なく始めた感じでした。

ところが、とあるコーチがＺｏｏｍイベントを開催すると知って聴いてみたくなり、「ちょっとだけ」のつもりで覗いてみたのです。すると、その場に集まっている人たちがとても楽しそうで、誰もが子どもみたいにワクワクしている感じが伝わってきて、何かいいことがありそうな場だなと予感がしたのです。気づけばいつの間にか、「もし、私がホストとしてＺｏｏｍを使うとしたら、何ができるだろう？」と考えるようになっていました。

そして、「香織ちゃんのブログが大好き。文章の書き方を教えてほしいなぁ」と言われた

プロフィール

２０１７年に保育士（公務員）退職後、起業。１９年に、夢のノマド生活を叶えるためワーホリでニュージーランドへ。現在の仕事は、ライター業をメインに、コーチングセッション、ＳＮＳ発信サポートなど。

記憶が蘇ってきました。もともとは集客のために始めたブログですが、一日も欠かさず続けてこられたのは義務感だけじゃなく、文章が大好きだったから。そのことに気づいた瞬間、できるかなぁという不安混じりの気持ちが、やりたい！という決意に変わったのです。

Ｚｏｏｍホストは、誰の「真似」をするかで決まる!?

自分がＺｏｏｍ講座をすることを決めて、一番に浮かんだのは、あの講座。初めて「ちょっとだけ」のつもりで覗いてみた、あのコーチのＺｏｏｍイベント。なぜ、あれほど楽しかったんだろう？と思い出しながら、ときめいたポイントを書き出してみることに。

まず、ログインしてすぐに簡単なアイスブレイクがあったこと。初参加の私が安心して発言できる雰囲気だったこと。……あれ？これって、どれもＺｏｏｍの操作スキルじゃなくて、コーチの心温まる場づくりや寄り添った進行だ。真似をして、私もやってみよう！

果たして初めての講座終了後、「オリジナルの書き方法則、とても分かりやすかったです。ワークでもフィードバックがもらえたので、どこを変えたらいいのかよく分かりました。参加者の方たちとのシェアも楽しくて、これからの発信にワクワクが止まりません」なんて感想をいただき、思わずガッツポーズ。実は開催前に友だちにお願いして、操作の練習に付き合ってもらうなど、けっこう準備に時間をかけていたのです。でも何よりも大切だ

Q&A

● オンラインで添削する方法

ワードなどで入力した文章を画面共有しています。同じ画面をお客様と一緒に見ながらポイントを伝えられるだけでなく、その場で修正や書き足しもできます。

と思うのは、お手本となる講座をみつけること。これからＺｏｏｍのホストに挑戦する人には、「学ぶことは、真似ることから」だと、声を大にして伝えておきたいですね。

Ｚｏｏｍ講座を始めてから３ヵ月が過ぎたころ、大きな変化に気づきました。片づけレッスンに行っていたときは、移動に時間を奪われて他に何もできなかったのに、まったく同じ講座を自宅ですると、気力も体力も余裕が残り、家事や他の仕事がスイスイ進むようになったのです。これに気を良くした私は、徐々に仕事をオンラインにシフトしていくようになりました。いまでは文章を書くことがメインの仕事になり、２０１９年７月からは、

Zoom100%の一日

6:00	起床後、ヨガ（YouTubeを見ながら）
7:00	メール返信などデスクワーク（ヨガ後の1時間は、本当に集中できる！）
8:00	朝食
9:00	オンラインイベントミーティング（Zoom）
10:00	SNS発信
11:00	コーチングセッション（Zoom）
12:00	昼食
13:00	友だちと散歩＆カフェ（海外は歩いているだけで楽しい！）
16:00	英語の勉強（Zoomで、起業塾仲間の海外在住者と英語で話すことも♪）
17:00	お風呂、夕食、リラックスタイム
20:00	ダンス（Zoom） ※ Zoomでダンスに参加することが増え、Zoomに出合う前より運動時間が増えた!!!（以前は、全く運動しない日もザラ）
22:00	就寝

Q＆A

● 集客のポイント

まずはブログ読者を対象に募集。開催実績ができたら、Zoom画面を写真に撮り（掲載許可をいただいた上で）SNSに投稿すると、講座の雰囲気がよく伝わります。

ニュージーランドでワーホリを過ごしながら着実にキャリアを重ねています。だって、Ｂ＆Ｂやシェアハウスを転々としていても、Ｗｉ－Ｆｉさえつながっていれば働けますから。

大好きな人を全員呼んで、Ｚｏｏｍ結婚式をやりたい

私がワーホリにニュージーランドを選んだ理由は、「知っている人がいない国だったから」でしたし、デジタル断ちの期間をあえてつくり、現地の人たちとリアルのコミュニケーションを楽しむことができました。

そしていま、私が夢みているのは「Ｚｏｏｍ結婚式」です。花嫁メイクを習うのも、ウェディングドレスをオーダーするのも、すべてＺｏｏｍを使い、Ｚｏｏｍで知り合った司会者さんに式を回してもらって、チャット欄におめでとうのメッセージをもらいながら、Ｚｏｏｍでスピーチリレーして、みんなで歌って、ケーキカットして、集合写真を撮って……ぜ～んぶ録画しておいたのを、また見直して。考えただけでワクワクします。

ずっとデジタルを避けていた私がオンラインでのコミュニケーションをポジティブに捉えられるようになったのは、Ｚｏｏｍでつながっている時に、「今、通じあった！」という瞬間を数えきれないくらい体験したからだと思います。

生まれ変わらなくてもＺｏｏｍで夢はかなう

Q＆A

● 生徒の理解度を確認するには？

質問を受けながら、受講生の表情の変化を見ています。内容を詰め込みすぎないこと、ワークを組み込んでコミュニケーションを取るのがコツです。

ここまで読んだうえで、「自分には無理」と感じている人に、ひとつだけお願いです。「生まれ変わったら、これをやろう」と封印していることを、いますぐＺｏｏｍでできないか考えてみてください。私は、さらに新しい夢に向かって進み始めています。憧れだった劇団四季の一員になったつもりで、Ｚｏｏｍでダンスレッスンに参加して踊ったり、歌ったり。結局、「生まれ変わったら」というのは、今の自分に自信が無いことの表れです。

本当にやりたいことなら、完璧を目指さなくてもいいし、形は変わってもいいので、いますぐスタートを切りましょう。

夢を叶えて自分を好きになれば、周りの人のことも、もっと大好きになれますよ。

Zoom 活用ポイント

・最初から完璧を目指さず、始めてから改良していく
・複業の人は、「時間泥棒」の仕事が狙い目かも!?
・操作のコツを掴むまでは少人数で
・受講時間は短く×回数は多くで実績を増やす

Q & A

● 楽しい教材の作り方

Microsoft office のパワーポイントを使っています。自分がときめくデザインの画像なども使うことで、講座へのモチベーションも上がることを実感しています。

絶対無理。ありえない。
遠隔でセラピーなんて邪道、と思ってた。

クルーファー美保（Zoom 歴4年）

職　業　ヒプノセラピスト
家　族　ドイツ人夫・16 歳息子・8 歳娘とドイツフランクフルト郊外の田舎町で4 人暮らし
講座名　ヒプノセラピー個人セッション

時間 3 時間　**開催** 予約ベース、日本時間夜など、世界の時差に対応
決済手段 銀行振込、PayPal 等
募集 WEB サイト、ブログ、フェイスブック、メルマガなど

BEFORE 疲れ切ってるのに、実働 2 時間

往復 2 時間以上かけて郊外の自宅から街（フランクフルト）へ行き、1~2 時間の仕事を終えるや、娘を迎えにベビーシッターのもとへ。帰宅して疲れ切って家事・夕食・宿題・片付けをする日々。

AFTER その気になれば、好きなだけ働ける

自分の思うように 1 日をスタイリングできる。どこでも働けるので、仕事と旅行のスケジューリングに縛られない。家族そろって日本に短期移住という夢を叶えながら、クライアント数も売上も4倍に。

日本で推進の動きが活発になってきた「リモートワーク」。でも、コンサルタントやコーチングのようなお仕事ならともかく、遠隔では難しい職種もありますよね、と思っていました。私が10年間続けてきたヒプノセラピストもそのひとつ。聞き慣れないかもしれませんが催眠を用いる心理療法で、クライアントの潜在意識に働きかけてトラウマやネガティブな思い込みを解放し、夢や望みを叶えるお手伝いをする専門家です。瞼の動きなどを至近距離から観察して催眠状態の深さを確認したり、エネルギーを感じ取ったりするプロセスが欠かせないので、オンラインで、つまり遠隔でできるわけがない、ありえないというのが業界の常識。友人から「Ｚｏｏｍという画期的なツールがあるよ」とすすめられても、そんなのプロセラピストとして使えるわけがない、と懐疑的でした。

プロフィール
２０００年より渡欧。日本では大企業に勤めていたが、ドイツにて０６年にひとり起業。潜在意識へ働きかけるヒプノセラピー、ヒプノバース、自己催眠講座は子どもを迎える女性に好評。

クライアント候補がゼロの町で

それでも1ヵ月たって、やはり試してみたのには理由があります。

私は日本でヒプノセラピストの資格を取りましたが、現在は家族とドイツで暮らしています。都心からは車で一時間ちょっと離れた郊外の田舎町なので、日本語が通じるクライアントを見つけるのは至難の業でした。しかたなく、フランクフルトなど人が集まりそうな地域で静かに施術できる会場を借りたり、クライアントの自宅まで時間をかけて足を運んだりすることになり、子どもをシッターさんに預けることもしばしば。必死で頑張っているわりに、売上はあったり、なかったり……という状態が長く続いていたのです。

そこで当時、１対１のカウンセリングだけはスカイプを使うことがあったので、軽い気持ちでＺｏｏｍへ切り替えてみることに。接続は簡単だったし、むしろスカイプより安定した音質で約40分のやりとりを終えました。これに気を良くした私は、「理論と短いヒプノを組み合わせた自己催眠講座なら、できるかもしれない」と、操作練習を兼ねてチャレンジすることにしたのです。これまで６年間、対面のみでやってきたのでドキドキでしたが、何もかもがスムーズで「あら〜〜っ」という感じ。しかも、仕事を終えた後の疲労度がまったく違いました。がむしゃらだったから気づかずにいたけど、会場探しに奔走し、遠くまで車で往復することで、いろんなパワーを無駄遣いしていたんですね。

業界の常識を破ってでもやりたい！

でも、私がＺｏｏｍを導入していることを知った同業者の中には、口にこそ出さないものの「邪道だ」と思っている人が多いことも知っていました。そして私自身、３時間以上かかることもある本格的な催眠セラピーは、さすがに無理だと思っていました。クライアントの状態を確認するデリケートな施術を、画面越しにやり切る自信がなかったからです。

諦めかけた気持ちを奮い立たせてくれたのは、日本ではマイナーだったヒプノセラピーを学ぶとき、限られた日程と場所でしか開催されていない講座をオンラインで受けたかっ

Q&A

● オンラインで役立つ技術は？

まずは提供するサービスのプロフェッショナルであること。また、ファシリテーターとしてのノウハウがオンラインでのコミュニケーションに使えると思いました。

たという悔しい思い出でした。もしかしたら、日本語が使えるヒプノセラピストとつながりたいと思っている人が、ネットの向こうに大勢いるかもしれない。その人たちのためにもチャレンジしなくてどうするの！２０１７年の元旦に、私は腹をくくりました。

やってみたら、まさに「案ずるより生むが易し」。Ｚｏｏｍ画面の向こうで、クライアントさんが催眠に入っていく様子がちゃんと見えましたし、カメラを寄りにすれば対面以上の至近距離から観察することができて、目から鱗がボロボロです。また、グループセッションのときは、リアルに対面するよりも表情や反応が分かりやすいせいか、「一人ひとりに伝

Zoom100%の一日

6:30	起床
	朝の支度
7:30	息子学校へ行く
	娘を学校へ送る
8:00	筋トレ、ヨガ、片付けや掃除など
9:00	ヒプノセラピーセッションや講座など(Zoom)
	セッションがない日には、フランクフルトへダンスレッスンに
12:30	娘を迎えに行く(ドイツの学校は午前中だけ)
13:00	息子帰宅　昼食
	夫がリモートワークの時には家族 4 人で昼食
14:00	ワークショップやショートセッションなど(Zoom)
15:30	子どもを習い事へ車で送る
16:00	待ち時間中に買い物
16:30	待ち時間中にカフェで講座の資料作りや事務連絡など一気に
17:30	習い事の迎えに行き少し見学、車で家へ帰る
18:30	夕食(家族全員でお話しタイム)
19:30	子ども二人と片付け、娘と音読、漢字の練習、テレビやおしゃべり
20:30	娘を寝かせる、洗濯ものを畳む
21:00	リラックスタイム(夫と Netflix とか)
23:00	お風呂、就寝

Q&A

● 対面サービスと提供メニューは違う？

内容はほぼ同じですが、オンライン用に時間配分や催眠誘導方法を変えて、より安全に行うよう気遣っています。ワークショップや講座は、時間を少し短く組み立てています。

わっている」という手応えがありました。それから1年間で350人もの方にセラピーや自己催眠を体験していただきました。施術の進め方について対面とは違うノウハウがあると断言できますが、なにしろ感覚派なもので、うまく言葉に書き落とせなくてゴメンなさい。ただ、短い体験版をグループまたは個人で⬇グループ講座やワークショップ⬇個人セッションという流れで信頼関係を築き、リピート利用していただくという流れをつくるのが王道だと思います。チャット機能を使えば、セッションの途中で感想を聞いたり、こちらから発信したり、一斉に意見交換できるのも、Ｚｏｏｍならではの面白さだと思います。

「探す人」から「探される人」へ まさに人生がひっくり返った感じです

Ｚｏｏｍをすすめてくれた先輩たちが、「人生がひっくり返るよ」と興奮気味に話していた意味が、ようやくわかりました。だって、会場やシッターを探しまくって疲弊していた私が、ドイツ中、いや世界中にいるヒプノセラピーを求める人々から探してもらえる立場に変わったのですから。以前のクライアント候補を1としたら、いまその数は無限大。多少ブレはあるものの目標とする売上レベルをクリアできるようになったので、お受けする仕事を少し抑えながら子育てと自分の趣味の時間とのバランスを優先しています。自分のキャリアを自分でハンドリングできるようになった喜びは言葉だけでは伝えきれません。「思い込みを外せば未来は変わります」と、セラピーを通じてクライアントさんにお知ら

Q&A

● 機材は買い足した？

私の場合は、とくにありませんでした。できれば、ネット接続を安定させるためにホスト側もクライアントさん側も有線ケーブルで繋いでいただくとベターだと思います。

せしていたはずなのに、いまになって自分が身をもって知ることになろうとは（笑）。

でも、キャリアを重ねれば重ねるほど、業界の常識に縛られてしまうこともあるのではないでしょうか。セラピストだけじゃなく、メイクとかマッサージのように人に触れる職種の方は、オンライン化やリモートワークなんて無理だと諦めているかもしれませんが、まずは飛び込んでみて！　オンラインの可能性は、やってみて初めて広く深くなっていくものなので自分で泳いで学ぶのが一番の学びです。

本来は事前にプランを練りに練ってからスタートする性格だった私は、クライアントがゼロになるという背水の陣に立たされたおかげで、思考の制限を外すことができました。子どもたちも夫も、ＰＣの前でイキイキ働き、趣味を楽しむ私を応援してくれているし、もうＺｏｏｍなしには戻れないと思います。

Zoom 活用ポイント

・会場が必要な仕事ほど、時間・コスト削減効果が大きい
・業界の常識、同業者の噂は気にしない
・オンラインならではのノウハウは経験で学ぶしかない
・フロント（体験）➡エンド（リピート）の流れをつくる

Q&A

● 集客方法は複数？

ブログやフェイスブックなどのSNSがほとんどです。気軽なグループセッションやワークショップなど体験する場を多く設けることが、口コミやリピート利用につながります。

40手前でアルバイト生活……からのちゃぶ台返しで、仕事も家族も手に入れた。

船戸愛（Zoom歴3年）

職　業　コピーライター／絵本作家
家　族　41歳、パートナーと一歳半の息子の三人暮らし、カナダ・バンクーバー郊外。
講座名　愛ことば講座

時間 60分　**開催** 不定期　**決済手段** PayPal　**募集** フェイスブック

BEFORE　生活していくのが精いっぱい

どよ〜ん
こどもも
欲しいのに…
こんなんじゃとても…

朝から晩まで働いて、くたくた。40歳が近づき焦りながらも「自分の好きなことをして生きていきたい」という気持ちが諦めきれない。

AFTER　念願のかあちゃんになりました！

家族もできた！
やりたい仕事もできた！
コピー

家族をつくりたい！という夢も、好きなコピーを書いて生きていきたい！という夢も同時に叶えた。毎日が幸せで、感謝でいっぱい。

カナダのカフェでバリスタ（店員）として働く日本人女性。これが20歳の留学生ならカッコいいかもしれませんが、40歳を目前にしたバツイチ独身だったら、どう思いますか？でも、それが5年前の私の現実。13年前、結婚を機にアメリカへ渡り、3年後にパートナーの仕事の都合でカナダへ。西海岸での生活を満喫しながら子どもを授かって母となり、家族で幸せに暮らしましたとさ……、となるはずが、気づけば一人。

早朝から真夜中までバイトを掛け持ちしてクタクタな日々。「ええ歳して、何をアホなことしてんねん！」と自分にツッコミを入れたい気分でいっぱいでした。

兵庫県出身の私は、大学卒業後に販売職、営業事務などを経て、大阪の広告会社に就職。職種はコピーライター。小学校のころから言葉を紡ぐのが得意で、小説や詩を書いたり、大好きな洋楽の歌詞を和訳したり。コピーライターの仕事は私にとって、やっと出合えたライフワークでした。有名な通販会社、ホテル、百貨店などなどをクライアントに3年間みっちり、休日も寝る間もなく広告制作やブランディングの仕事をこなしてきました。

海外移住してからも細々と続けていたのですが、数年経つと途切れるようになり……そして離婚。住む家も失ってギリギリの状況に陥っても、このキャリアを復活させたいという情熱を絶やさずにいられたのは、「この仕事こそ私のライフワークだ！」という想いがあったからかもしれません。しかし現実には、たまに知人や友人のＷＥＢサイトを作ったりコピーを書いたりする程度で、自立にはほど遠い収入レベル。ただただ、根拠のない自信に支えられ、日本に戻ることを最後の砦にして、歯を食いしばっていたのです。

プロフィール

大阪の広告会社でコピーライターとして3年間勤務。2007年にサンタモニカへ、10年にバンクーバーへ移住。西海岸生活を満喫しながら、カウンセリング・ヒーリング・コーチングでの学びを活かし、絵本・小説・エッセイなどを創作。1歳児の子育てを満喫中！

Ｚｏｏｍとの出会いは、人生が変わることを予感させた

そんなとき、ＷＥＢサイトのコピーライティングを頼まれたご縁でオンライン起業塾に入塾しました。そこで、「Ｚｏｏｍを使ったコミュニティ」の可能性に言い知れぬ魅力を感じました。「ここは新しい出会いがある、私の新しい人生のステージは、ここから始まるかもしれない」という予感がしたのです。

予感は的中。約半年後には、リアルで開催していたコピーライティングのセミナー『愛ことば講座』を、Ｚｏｏｍサロンの形で開くことができました。画面越しの講義で、どこまで内容や想いが伝わるのか不安でしたが、やってみて不安は吹き飛びました。参加した人からも「すごく楽しかった‼　リアルもいいけど、自宅から簡単に参加できるのが嬉しい！」と言ってもらえ、準備の負担がほとんどないのにメリットだらけだと感じました。

さらに、想定外の嬉しい出来事があったのです。

起業塾のＷＥＢサイトを見た人や、Ｚｏｏｍ講座を受けた人、起業塾で出会った仲間達、またそれらの噂を聞きつけた人が、「愛ちゃん、コピー書いてくれる？」と、仕事を依頼してくださるようになったのです。貯金がどんどん目減りして、「何をしてでも稼がなアカン！」とがっついていた時はさっぱり仕事が入ってこなかったのに、儲けるつもりもなく講座を始めた途端に金運がついてくるなんて……。でもこれは、皮肉なことでも何でも

Q&A

● 単発講座と連続講座の違いはどこ？

単発講座は「自分のサービスを体験してもらう最初の入り口」。連続講座は「3ヵ月など一定期間内に〝結果を出す〟ためのブートキャンプ」と考えています。

ありません。「稼ぐため」ではなく「好きだから」書いた文章だったからこそ、私の個性がにじみ出て、「あ、この人に頼みたいな」と指名してもらえたってことじゃないかと、腑に落ちました。見込み客を増やすために、読者数やフェイスブックフレンドを必死で増やしたりというムダな努力も、フリーランス向けのエージェントサイトに登録して「安いってだけで指名されたんだ」と自尊心を傷つけられることもなくなりました。

そして私自身、この頃を境に〝自立する〟ということに対する考え方が大きく変わりました。バリバリ稼いで経済的に豊かになって誰にも頼らず独りでやっていくというプラン

Zoom100%の一日

7:00	起床
7:10	息子とパートナーが寝てる間に近所のトレイルをジョギング
8:00	シャワーを浴びて、朝ごはんの準備
9:00	パートナーを見送り、片付け、お掃除
10:00	息子とお散歩、お買い物
11:00	息子の昼寝中にお仕事 Zoom 文章術講座の準備、ブログや SNS 発信
12:00	昼食
14:00	オンライン起業塾のミーティング（Zoom） オンラインコミニティの勉強会も息子と一緒に参加（Zoom）
15:00	息子と遊ぶ
17:30	オンラインおやこ園。こころとカラダを温める！（Zoom）
18:00	食事準備（オンライン起業塾の Zoom 動画をラジオ代わりに）
19:00	パートナー帰宅、食事、お片付け
20:00	お風呂、寝かしつけ
21:00	パートナーとリラックスタイム、映画や動画鑑賞 時には Zoom bar、Zoom おしゃべり会
23:00	就寝

Q＆A

●自分に合うコミュニティのみつけ方は？

「稼ぎたい」「有名になりたい」という〝結果〟を期待するのではなく「面白い！」と思える人が、どれだけそこにいるかを感じ取ること。自分がワクワクすることを大切に。

は、実はもろくて危ういもので、誰かと支え合い助け合いながら、自分らしさを保ってライフワークを追求していくというプランこそ、長く続けられる本物の自立じゃないかって。

本来の目的を思い出したら、パートナーと出会った

そうそう、大事なことを忘れていましたが。Ｚｏｏｍと出合ったったのと同じくらいのタイミングで、新しいパートナーとの出会いにも恵まれたのです。

「稼ぐために海外に来たんとちゃう！家族をつくるために、幸せになるために来たんや!!」と、ちゃぶ台をひっくり返す勢いで気持ちを入れ替えた私は、カフェのバイトも辞め、その後にパートで勤めていた留学エージェントの正社員オファーもお断りして、完全なフリーランスになりました。すると目に見えないエネルギーみたいなものが溢れ出てきて、単発講座だけではなく、オンライン添削なども盛り込んだ3ヵ月単位のコピーライティング講座を完成させることができました。妊娠前にこの講座を軌道に乗せておいたおかげで、子育てとキャリアをうまく両立できているような気がします。

「学び」はお母ちゃんたちの滋養です

念願の「お母ちゃん」になった今だから、同じように子育てしている人に伝えたいのは、

Q&A

● 婚活もZoomを使ったの？

直接は使ってません。が、Zoomを使ってお仕事もアソビもワクワク、自分自身がハッピーモードになると自然といい出会いも増えて……という感じです。

「今は仕方ない」って、無意識に諦めてしまう必要はないということ。日常のことはパートナーが手伝ってくれたとしても、まだまだお母ちゃんが自分でやらなきゃいけないことが山のようにあります。それらに忙殺されている間に、「社会から切り離されるんじゃないか」、「キャリアを置き去りにしていないか」と不安になるかもしれません。

だけど、仕事のペースをスローに調節できる働き方があれば、学びも遊びも諦めなくて済みます。特に「学び」は人生の滋養。Ｚｏｏｍを通して、知らない人と出会い、知らなかったことを知り、一緒に面白いことをする、起業に「プチ」が付いてもいいから諦めずにチャレンジしてみて。

いくつになっても遅くありません。きっと素敵な未来が待っています。

Zoom 活用ポイント

- Ｚｏｏｍでできるコミュニティを活用せよ
- 脱力できたときこそ、自分らしさをアピールできる
- リピート可能な講座を作れば育児や介護があっても安心
- 一人だけで頑張らず、家族や仲間と助け合う

Q&A

● 日本語のコピーって需要あるの？

バンクーバーの日本人コミュニティはそう大きくはないので、コピーライティングのお仕事自体は多くはありません。住む場所によって受注量が変わる職種ですね。

モノ消費に夢中だったキラキラ社長がTシャツ姿で打ち合わせ、ですよ。

池崎晴美（Zoom 歴4年）

職　業　フリーアナウンサー（会社経営）
家　族　愛知県で子ども２人と暮らす55歳。
講座名　ハッピートーク®トレーナー養成講座

時間 2時間×６回　**開催** 年２回　**決済手段** 銀行振込
募集 フェイスブック、メルマガ、個人メッセージ

BEFORE 自分でやらなくちゃ！

基本すべて、自分でやらなくちゃ！と、走り回る生活。誰かのことを思いやる余裕がなかった。自分が活躍することが一番でした。

AFTER みんなと一緒に！が楽しい

人を応援する喜びを知りました。トレーナーの活躍がうれしい。誰かの役に立ちたい。みんなと一緒に何かするのが本当に楽しい！

親しい経営者仲間から、「Ｚｏｏｍってスゴイよ」とすすめられたのは、２０１６年の秋のことです。まぁ、「そういうお年頃」と言えばそれまでですが、会社を立ち上げた30代の頃とは気力も体力も違うという自覚が芽生え始めていた私（当時51歳）は、がむしゃらに働いて年商アップだ〜というより、家族との時間を大切にするとかプライベートとのバランスを考えた働き方をしたいなと考えるようになっていました。だから、今は新しいことを始める時ではない。と判断し様子をみることにしました。

ガラケーをスマホに替える気楽さで……

でも、その翌年からオンラインコミュニティで定期的にＺｏｏｍを使うようになり、参加することに慣れるにつれて気持ちが変わってきました。当時はまだ、その原因に気づいていませんでしたが、一番大きかったのは「自宅に居ながらにしていろんなことができる。いろんな人と会話ができる」ことに驚いたからじゃないかなぁ。というのも、家庭の事情で名古屋駅の近くから郊外に引っ越してからというもの、仕事の打ち合わせに行くのも友達との食事に出かけるのも億劫になっていたのです。「このままじゃ、時代に取り残されちゃう」という焦りはあるけど、パワーが沸いてこなくて「ま、いいか」と諦める……の繰り返しで蓄積されてきたモヤモヤが、Ｚｏｏｍによって少しずつ晴れていく気がしました。

あれだけ億劫だったくせに、少し歯車が回り始めるとスルッと動けるようになるのだか

プロフィール

30歳で司会請負会社（有）フロム・サーティを設立。現在は話し方講師、フリーアナウンサーとして活躍中。話し方のプロフェッショナルとして、教育機関・企業・省庁などでも精力的に研修を行っている。著書に『ハッピートークトレーニング』（すばる舎）他。

ら人間って不思議ですよね。２０１７年12月に初めてホストとして『幸せ塾』というオンラインサロンを開きました。会場を探して予約するというプロセスがないので手間がかからないうえに、「参加者が少なかったら赤字になってしまう」という心理的プレッシャーもありません。苦手な人はネットへの接続とかアプリの操作に対する不安が大きいかもしれませんが、例えて言うなら「ガラケーを最新スマホに買い替えるときのギャップ」をイメージしてみれば気がラクになるはず。つながった先の世界がとても広いんです。

ただし、私の場合は見切り発車もいいところだったので、初めての講座ではホストのくせに途中で落ちる（回線が切れる）という大失態を演じてしまいました。参加者として見守ってくれていた友人のフォローにより事なきを得ましたが、いまからやり直せるなら、パソコンや回線のスペックを補強して臨みたいと思います。

集客についても苦い思い出があります。Ｚｏｏｍ講座を始めて間もない頃、無料セミナーを実施して存在を知ってもらえれば有料講座やサロンの見込み客が増えるのでは？と期待して、週1回15分×12回という3ヵ月の「発声練習講座」を企画しました。想像以上にシェアで告知を拡散していただいたおかげで、なんと初回から３００人以上の方からお申込みをいただくことができ、数字だけなら大成功！ところが、回を追うごとに参加者が減っていき、有料講座へのシフトもほとんどありませんでした。新規対象のわりに回数が多すぎ

Q&A

● 口コミが増える集客法は？

自分が信頼して参加しているコミュニティに投稿すると、信頼のおける知人がシェアしてくれると思います。また、しっかりとした内容のランディングページがあることが大事。

たのかもしれないし、私のフォローメールの書き方が良くなかったのかもしれないですが、一番の原因はＺｏｏｍが〝双方向〟のツールであるということを意識せず、アナウンサーが放送したり、経営者が講演したりするような〝一方通行〟のやり方をしてしまったからかなと反省しました。

　こうした経験を教訓に、時間の長さ、開始時刻、回数、等々を、参加してくれる人たちの要望に合わせたものにすることで、今は満足度やリピート率の高い講座を提供できていると思います。

Zoom100%の一日

5:30	起床
6:00	ウォーキング、ラジオ体操
7:00	Zoomミーティング
8:00	朝食、お洗濯、掃除
9:30	Zoom講座開催
12:00	昼食
	午後はリアル研修などの打ち合わせのため外出
	または自宅事務所でフリーに仕事
16:00	仕事終了
	フリータイム、ウォーキングなど
19:00	Zoom講座またはZoom meeting
21:00	夕食お風呂など
23:00	就寝

Q&A

● 双方向性を生かすには？

Zoom講座は気軽な分だけ受け身の参加者が多い面もあるので、こちらから会話をしかけてファンを増やしましょう。名前で呼びかけて挨拶をするだけでも効果抜群です。

売上が伸びなくてもハッピーだった

期待外れかもしれませんが、私の会社の売上全体から見れば、Ｚｏｏｍが占める割合が高いというわけではありません。でも、金銭的なこと以外にいろいろメリットがあります。たとえば、10年前から行っているハッピートーク®トレーナーの養成講座にオンラインを導入することで、遠方のお住まいの方にも受講していただけるようになりました。先回は参加者15人中10人がオンラインで参加され、初の海外トレーナーが誕生。

そして個人的に一番すごいなと感じているのは、同じ売上を達成するのに必要な時間がぐっと短くなったこと。人生の折り返し地点を過ぎる年齢になれば、目先の売上に一喜一憂し、やみくもに仕事に時間をかけて燃え尽きそうになるくらいなら、気持ちに余裕を持てる働き方をみつけて、少しパワーダウンするのもアリだと思います。

私も40代の頃はジタバタ焦っていたものですが、Ｚｏｏｍに助けられたことで、周りの人たちに目を向ける余裕が持てるようになり、困っている人を見つけて応援する喜びが分かってきました。

浮いた「つながりコスト」を未来のために使おう

Q&A

● 講座の価格設定のコツ

悩みますが、今までに自分が参加した講座で納得した内容の講座料金をそのまま価格にしています（長さが違えば、それに応じて調整します）。

経営者の皆さんは、どんなに仕事が好きで楽しかったとしても、人を雇用するプレッシャーや会社を維持するプレッシャーと日々闘っていると思います。Ｚｏｏｍを使えば、一等地の大会議室でセミナーをやる時のような会場費も、受付や設営を手伝ってもらうための人件費もいりませんし、打合せの手間も不要です。また、経営者同士のつきあいや同業者とのミーティングなどもオンラインにすることで、交際接待費やそれにともなう交通費、服飾費といった「つながりのコスト」が激減します。

モノ消費が大好きで講演のたびに新しい服を買っていた私も、いまは３０００円のカラオケマイク１本で幸せになれます。この大きなシフトチェンジで余った時間やお金や気持ちの余裕を、何に使って幸せな未来を描くか？そんな話をするサロンも開いてみたいですね。

Zoom 活用ポイント

・パワー不足のお年頃でもマイペースで楽しむ
・集客は多いほど良いというものではない
・双方向性を生かした演出を心がける
・効率アップによって余った時間を有意義に！

Q&A

● オンライン受けする話し方

オンラインの方が話し方のスキルが必要。声のトーンを上げて明るい雰囲気にする、話を簡潔にして相手を飽きさせない、心を掴むため少しオーバーなくらいで、がコツです。

延べ500人以上の Zoom デビューをサポート。心地よさを追求したら、仕事になった。

松村直人（Zoom 歴4年）

職　業　フリーランス IT ディレクター
家　族　東京、千葉、長野を点在
講座名　Zoom デビュー講座（参加者編、ホスト編）

時間 参加者編1時間、ホスト編3時間　**開催** 週1〜2回　**決済手段** クレジットカード、コンビニ払い、PayPal　**募集** フェイスブック、Peatix

BEFORE 愚痴と不平不満ばかりのサラリーマン

タワーマンションに住む大手企業のサラリーマン。スーツに革靴、満員電車で出勤。残業が終わったら「軽く一杯」のつもりが深酒。話す内容は愚痴と不平不満。

AFTER フリーランスになり、人気のパソコン先生

千葉に引っ越し、犬を飼い、畑を耕す日々。「まっつ一の PC なんでも相談室」が大人気に。Zoom 博士として、女性たちからも絶大な信頼をいただいています。

大手情報システム会社の社員だった時代から「毎日職場に行くのはヤダ」と思っていました。生産性に対するこだわりが強かったので、「自分の仕事が終わっているのに、どうして帰っちゃいけないんだろう?」と思っていたし、組織に属しているから助け合いが必要だというのは納得できるとしても、「チームメンバの手助けをし続けたら、いつまでたっても自分が楽にならない!」なーんて、ブツブツ思いながら、義務的に会社に通っていました。２０１４年の６月に退職してからも、２年後の秋までは業務委託で仕事を請けていたので、週３日は自転車通勤。フルタイム勤務だった会社員の頃よりはマシだったけど、「委託された業務」が終わっているのに定時までオフィスに留まっているしかなく、〝待ち〟のムダが多いことに「命を浪費している」と感じていました。

だから、いまのようなリモートワーク推進のムーブメントは大歓迎。にわかにＺｏｏｍの注目度も高まってきましたが、やっと来たかというのが率直な感想です。

日本で広まり始めた当初は、知的好奇心が旺盛で比較的ＩＴリテラシーの高い「先進的な人」だけが使うツールでしたが、じわじわと利用者のすそ野が広がりつつありますね。

『ワークシフト』で予言された時代が来た

実は私も、オンラインコミュニティの仲間たちから使い方や機能の活用法について質問を受ける機会が増えてきたことを受け、２０１７年の１月からＺｏｏｍデビューをお手伝

プロフィール

２０１４年に（株）ＮＴＴデータを退職し独立。16年からＺｏｏｍをフル活用し全ての収入を「客先に出向かなくても完結する仕組み」にシフト。現在の主な仕事は、小規模事業者向けのＩＴ導入支援／ＩＴトレーニング、事業運営支援、ＷＥＢサイト制作。

いするオリジナル講座を開催するようになりました。

参加者編（1時間）だけでのべ351人に受講してもらい、Ｚｏｏｍ講座を主催したい人向けのホスト編（3時間）もやるように。こちらも延べ185人が受講して、卒業生たちが、次々に面白い講座やイベントを立ち上げています。

3年間続けてきて感じるのは、最初は「顔を見ながらオンラインで話してみようか」くらいの軽いノリの人が多かった――つまり、オンライン会話の手段として知りたい方が多かったのに、最近はベリーダンスを教えたいけどカメラワークはどうしたらいいかとか、料理の手順を教えるのにＰＣとスマホをどう使い分ければいいかとか、使う人の「属性」と何をしたいかという「用途」の両方が、激変したなぁ、ということです。

さっき書いたとおり、ごく一部の「先進的な人」だけのツールだったＺｏｏｍを、フツーの人たちが使いたい！と欲する時代になったんだと気づいて、リンダ・グラットンの『ワークシフト』で予言されていた日が一気に来たのだと実感しました。

仕事の完全オンライン化で得たのは、自由。それが「怖い」って人へのアドバイスは……

私自身が会社員から独立して、またＺｏｏｍを日常的に使うようになって、どんなワークシフトを経験したかを表すと、「自由を得た」の一言に尽きます。これを聞いて、羨ましいと言ってくれる人がいる一方で、ネガティブな反応をする人も少なからずいます。

Q&A

● 組織を離れても仕事はもらえる？

たくさんありますが、闇雲に「なんか仕事ないですか？」と聞いてもダメ。自分の中の当たり前を、相手にとって価値あるものにして出し分ける「4次元ポケット」を持ちましょう。

私も会社員時代には、自由＝「誰からも縛られず何でも好きなことをしてもいいという状況」を怖いと思っていました。なにしろ、小学校の入学以来、通知表に代表される評価制度のもとで自分が役立つ人間かどうかをはかられてきたのだから、戸惑うわけです。

さらに、時間的な束縛のない状態にも慣れていない人がほとんどです。コロナ自粛のおかげで実はそんなに仕事をしていないことがバレたり、空いた時間を有意義に使う術を持っていない自分に気づいたりと、いろいろな本質がさらけ出されたのは、シフトチェンジを前向きに捉える人にとっては絶好のチャンスだったかもしれません。

Zoom100％の一日

5:50	起床
6:00	起業塾のミーティング（Zoom）
7:00	犬の散歩
8:00	朝食
9:00	Zoom デビュー講座 ホスト編（Zoom）
12:00	ランチはタイ料理屋に外出
13:00	ちょっと昼寝
14:00	WEBサイト制作作業やIT導入サポート（Zoom） ※毎日自宅でオンラインだとリフレッシュしづらいので、「コワーキングスペース」にも週２日ほど行く
16:00	疲れたら業務終了 オンライン生活が長くなるとオンラインでぶでぶ問題が発生！　近所を１時間ぐらいマラソン＆犬の散歩
18:00	夕食
19:00	お風呂
20:00	Zoom 飲みやスマホゲームタイム
21:30	就寝

Q＆A

● PCスキルを指導するコツは？

相手のデスクトップを直に操作したり、画面上に絵を描いたりして伝えています。また、スマホでPC画面の写真を撮って送ってもらうこともよくしています。

自由が怖いという人に私の実感をシェアしておくと、たとえ一時的に収入が下がったとしても（初年度は3分の2くらいになりました）、通勤時間や付き合いの飲み会などがなくなることによって得る時間が、大きなゆとりにつながるし、ひいては収入を挽回する力になります。すでに私の年収は会社員時代と遜色のないレベルになりました。

今は武蔵野美術大学の通信課程を受講してメディア・アートを学んだり、毎月のように長野県の小谷村の宿に通って田植えや薪割りを楽しんだりしながら感性を磨き、幸せな未来のために投資をしています。

PCスキルを身に着けておくことが大事

Ｚｏｏｍはとても便利なツールですが、教えたとたんにすぐ使えるようになって講座をホストする人と、意欲旺盛に見えたのにアクションが止まってしまう人に分かれます。おそらく原因は、基礎となるパソコンスキルに差があること。たとえば、パワポでちょっと講座ツールを作る、ペライチで告知ページを作る、フェイスブックでイベント立てる……周りの人にとって〝当たり前〟のことがサクッとできないと動きが鈍くなるし、もっと細かいことではショートカットを知っているか知らないかだけで生産性が違ってきます。

もちろん、できる人に手伝ってもらうという手もありますが、自分にどんな力が足りないかを知るためにも、他の人のＺｏｏｍ講座に参加してみて学ぶことは大事。

Q&A

● 大学の講義もオンライン？

ムサビの通信は、読書と課題提出が基本で、ごく一部の授業だけが動画配信。充実したスクーリングもありますが、今後はZoom授業と対面とのハイブリッドが有効かな、と。

そして、ツールの使い方、決済方法、メルマガの活用法、ＰＤＦ化や動画編集などなど、「いいね！」「使える！」と感じたものは、マネをすることから始めればいいと思います。

もうひとつ大切なのは、快適な作業環境を整えること。私は自宅以外にもカフェやコワーキングスペースなど、お気に入りの場所をいくつか確保しています。Ｚｏｏｍ用の部屋や照明、スペックが高くてサクサク動くＰＣなどを準備すると、気分も上がって、「あんなことも、こんなこともしたい」とアイデアや夢が広がってくるでしょう。

ただし、『ワークシフト』にはアンハッピーな未来も提示されています。オンラインに依存した人が、オンラインセッションを終了した瞬間に孤独に陥るというシナリオです。Ｚｏｏｍの部屋から退出した瞬間、ぼっちにならないよう、地場のコミュニティも大切に。

Zoom 活用ポイント

・他人の評価に頼らず、自由になるのを恐れない
・Ｚｏｏｍに限らずＰＣスキルは必須
・興味を持った講座に参加してコツを学べ！
・リアルでのご縁も大切にして孤独にならない

Q&A

● 会社人間が地縁を作るには？

自分が興味を持ったところに顔を出し、そこで何か役に立てることはないかなと探しています。その場で自分が好きになれそうな人と話して相思相愛になればラッキー♪

コンピュータとWi-Fiさえあれば、どこでもOK。リゾートで1時間だけ仕事することもできる。

レブランクかおり（Zoom歴4年）

職　業　住まいる風水®ライフスタイリスト
家　族　カナダ人の夫と21歳の娘とカナダ・ヴィクトリア在住20年
講座名　住まいる風水®講座

時間 2時間～　**開催** 不定期　**決済手段** クレジットカード　PayPal
募集 WEBサイト

BEFORE 日本語を話す機会がない環境で鬱

カナダのリゾート地、Victoria（小さな町）で、日本語を話すことがほとんどなく、幼い娘を育てながら、2つの会社経営で毎日12時間以上働き続け、鬱々とする日々。

AFTER Zoomで毎日、日本語で大笑い

働く時間は3分の1に。家族と過ごす豊かな時間も増え、日本の母とおしゃべりしたり、姪の可愛い姿を見たり、日本の友だちと昭和のハナシをして盛り上がる。ゲラゲラ笑ったり、泣いたり、感情を出すことでスッキリ。

ずいぶん前のことですが、ネイルサロンを経営していたことがあります。広さは80平米足らずでしたが、一等地だったので家賃が月40万円と高く、改装費も５００万円くらいかけたため、最初の一年は給料ゼロでもお店は赤字。二年目以降に軌道に乗ってからも月に20万円の報酬を得るのが精一杯で、「箱モノビジネス」の厳しさを痛感しました。

ほかにコーヒーの卸売業をしたこともありましたが、ネイルサロンの時ほどではないにしろ固定費を払い続ける経済的な負担と人を雇うということへのプレッシャーが大きく、大好きなお仕事のはずなのに、ストレスまみれの毎日でした。とくに２００８年のリーマンショックの後は気苦労が絶えず、一旦ほぼ全てのビジネスを手放したのです。

心身の疲れが癒えた頃に趣味と実益を兼ねて学んだのが風水でした。２０１３年頃には個人宅の鑑定をしたり、風水セミナーを開いたりできるまでに。ショップ経営と違って家賃の負担はありませんし、自分ひとりで完結できる専門職ですが、また別の悩みが出てきたのです。私は、家族３人でカナダのヴィクトリアに住んでいます。お客様の多いバンクーバーとは車とフェリーで４時間ほどかかります。多いときは１日３軒まわっていたので、注文が増えれば増えるほど移動にかかるコストと時間が重荷になってきました。

プロフィール
２０００年にカナダへ移住。コーヒーの卸売業やネイルサロンの経営など、日本&北米での起業歴25年。義母の介護を機に一旦ビジネスを手放すが、13年から風水ライフスタイリストとして、住まいをツールに最上級の幸福を手に入れる『住まいる風水®』を伝えている。

ウェビナーでZoomを初体験

そこで、スカイプを使ってお家の図面を送ってもらい、風水エネルギーのマッピングをしたうえで、ご自宅の内部をスマホやタブレットのカメラで撮影しながら動いていただき、画像を見ながらアドバイスを行うことにしました。誰に教わったわけでもない自己流の〝オンライン化〟でしたが、「思ったよりちゃんと見えるわね！」と自画自賛し、これなら遠出しなくても風水鑑定ができるかもしれないと希望が湧いてきました。

それから約1年後、たまたまネットサーフィンしているうちにＺｏｏｍのオンライン説明会が実施されるのを見つけて、参加することに。日本語のプラットフォームがない（当時）のは残念でしたが、ＣＥＯから直々に使い方を解説してもらい、スカイプにはない「画面共有」機能に強く引き付けられました。さらに、通信状態が安定していることや、風水ビジネスに必要な写真・動画のやりとり、録画がすべて無料サービスの範囲でまかなえそうであるとわかり、迷いなくスカイプからの乗り換えを決めたのです。

その後、２０１７年9月頃から所属していた起業コミュニティの中でファシリテーターをするようになり、本業では使うことのなかったブレークアウトセッションや録画など、Ｚｏｏｍのさまざまな機能を活用する機会に恵まれました。

せっかくだから、自分もホストとして何かやってみようと風水の講座を企画したところ、

Q&A

● 海外のほうが、情報が早いの？

リモートワークに関しては日本より先をいっている国がたくさんあります。とくにアメリカは情報が早く、どういう業種が旬か、オンラインレッスンのつくり方なども学べました。

20人の定員があっという間に予約で埋まってビックリ！それまで、座学のセミナーの参加者は４人前後であることが多かったのですが、普段からＺｏｏｍでつながっている仲間がいることで、告知が効果的にシェアされたおかげでしょう。

リアル講座に比べて、一人ひとりの質問へ丁寧に耳を傾けることができるし、お互いの顔が近く見えるおかげでエンゲージメントが強く、最高のツールだと実感しました。

さらに、自宅鑑定でもＺｏｏｍを使ってみると、課題のある場所がしっかり見えるし、鑑定資料を画面で共有しながらお話しできて、全く支障はありませんでした。

Zoom100%の一日

8:00	起床：夫と娘と一緒に至福のカフェラテタイム
9:30	スポーツクラブでズンバ、筋トレなど
11:00	家事：掃除、夕食の下ごしらえ、洗濯など
12:00	夫と一緒にカフェランチ（ヴィクトリアには、素敵なカフェレストランがたくさんある）
13:00	メールチェック・返信、SNS 発信
14:00	Zoom で学びの時間
16:00	風水 / ビジネス・コンサルテーション (Zoom)、オンライン講座の準備
18:00	夕食準備
19:00	夕食&片付け
20:00	日本の家族に電話したり YouTube で日本のバラエティー番組視聴、読書など
21:00	住まいる風水ライフスタリスト養成講座 (Zoom)、風水コンサルテーション、Zoom バーなど
23:00	夫とリラックスタイム (お家 Bar、対話、TV、お風呂)
25:00	就寝

Q&A

● お客様に撮影を依頼するときのコツは？

スマホやタブレットを使用してもらい、お家の玄関から入っていただき、私が実際にお家の中を歩いているように撮影してもらうことです。

効率アップで、介護も学びもバカンスも

いまは、受注件数の約9割がオンラインに変わりましたが、訪問前に画像データを共有しながらＺｏｏｍミーティングをしておくことで効率がアップ。働きながら義母の介護をやり遂げられたのも、仕事の合間にウェビナーで勉強できたのも、Ｚｏｏｍのおかげです。最近は1日に1時間半を、自分をアップデートする学びの時間として確保しています。また、Ｚｏｏｍがつながる環境さえあれば、どこでも仕事ができるという安心感から精神的に身軽になり、躊躇なくバカンスを満喫できるようになりました。

実は1月に銀婚式のお祝いとして夫婦だけでメキシコのロスカボスに出かけ、エメラルドグリーンの海を眺めながら、ほんのちょっとだけ仕事をしました。

カナダに移住したときに1歳半だった娘もすでに成人し、夫婦でゆっくり過ごす年齢になりました。もう、一日中がむしゃらに働くよりも、動画を撮ってアップしたり、休日に1時間だけセミナーをしたりと、ゆる～くダウンシフトするのもいいでしょう。また、日本の友達や家族と気軽にコンタクトをとることも、私の精神衛生を保つためには必要なファクターです。いくら英語が得意でも、母国語で本音を語り合う時間がどれほど大切か、ホームシックで泣いていた昔の自分に教えてあげたいですね。

Q&A

● 告知のコツは？

まず、タイトルをわかりやすくすること。そして、講座を聴いた後に得られる変化を的確に伝えることです。また、風水に関心がある人に届くような画像を添えておくことも大切。

どんな職業でもオンライン化できます

２０２０年4月から、『住まいる風水ライフスタイリスト養成講座』という新オンライン講座を始めました。時代の流れから考えて、ますますビジネスの合理化は進み、どんな職業にもオンラインサービスが採用されるようになるでしょう。ネイルサロンなら、セルフネイルやネイルケアを教えたりすることができるはず。Ｚｏｏｍなら「箱モノ」にコストがかからないので、あれこれ試して、うまくいかなかったら止める。また、次を試してみてうまく行きそうだったら、どんどん前へ行けばいい！

今、踏み出す小さな一歩が、数年後には大きな違いになるのですから。

Zoom 活用ポイント

- 最新の情報を積極的に取りに行く
- 自分をブラッシュアップする学びを続ける
- この業種でオンラインは無理と決めつけない
- ほぼ無料なので、失敗を恐れず試してみる

Q&A

● 初心者にZoom操作を教えるには

オンラインの解説サイトの中から、わかりやすいものを探してブックマークしておきましょう。PC用とスマホ用と両方あるといいですね。

経営プロセスは、すべてオンラインを利用。4年間に新事業を8つ立ち上げました。

秋田稲美（Zoom 歴4年）

職　業　会社経営
家　族　結婚25周年、夫と二人暮らし。
講座名　起業ひふみ塾、ひふみプロコーチ養成講座、
　　　　未来マップ®、生きがいマップ®

時間 一回 90 分のクラスを複数回　**開催** 随時開講　**決済手段** PayPal など
募集 フェイスブック、WEB サイト

BEFORE 基本、家に居ない人

毎朝8時にはオフィスに到着し、夜遅くまでオフィスで仕事をしていました。さらに出張も多く、打ち合わせや研修で、多い年は年間150日も出張。

AFTER 基本、家に居る人

ほぼ毎日自宅に居て、庭では畑仕事もはじめ、毎日夕飯をつくり、外に出かけるのは大好きなヨガと買い物くらいという生活。

「私はいったい、何のために働いているんだろう?」

10年前の私は、車で30分くらいの距離に暮らす両親の元にも盆正月くらいしか顔を出さず、庭のある家に引っ越したのに雑草だらけ、不規則な生活で肌が荒れ、坐骨神経痛を患う日々を送っていました。

名古屋と東京に事務所を持つ研修会社の社長として、毎朝8時にはオフィスに到着し、電車がなくなるくらいまでオフィスで仕事をする毎日。最初の著書がプチブレイクしてからは講演の数もぐっと増えて、全国各地へ出張することも多く、それに伴う打ち合わせや研修で、多いときは年間１５０日も自宅を空けていました。

忙しいのは、仕事を任せていただけている証拠だし、悪いことではないと頭の中で考えていたけれど、ゆっくり食事を楽しんだり、鳥の声や川のせせらぎに耳を傾けながらランニングやヨガで体と心を整えたり、ていねいに食事をつくったり、家族とゆっくり語りあったり……という時間が必要なことも、心の中では感じていたんだと思います。

そんな心の声に従い、研修会社の社長を降りて東日本大震災のボランティアをしたり、一般社団法人や一般財団法人の立ち上げなどをしながら徐々に働き方改革をしてきました。

特に大きな転機となったのが２０１６年の夏、Ｚｏｏｍの使い勝手の良さに気づき、私がこれまでつくってきたすべてのコンテンツ(研修カリキュラム)をオンラインに乗せ替えることができる!と、確信した時でした。

これは、すごいことになる!

プロフィール

「あらゆる人の一番の幸せをさがそう」を経営理念に掲げるひふみコーチ㈱の代表。独自のコーチングメソッド「ひふみコーチ」を用い、コーチングをコミュニケーションスキルではなく、幸せな人生を生きる哲学として広めており、2017年1月にはオンラインのグループコーチング起業塾「起業ひふみ塾」を始めた。

Ｚｏｏｍがあれば教育機会が平等になる。
業界がひっくり返る！
この直感が間違っていないことには、かなりの自信がありました。

教育における疎外感をなくしたい

現在、私の会社（ひふみコーチ株式会社）は、起業塾の主宰やプロコーチの養成など、夢に向かって進む人の背中を押すことにつながるオンライン教育研修事業をメインとしています。オンラインに切り替える前、「遠方に住んでいると参加のハードルが高い」「旅費などの費用も時間もかかるので、トータルでみると割高に感じてしまう」という理由から受講を躊躇されていた方々が、一気に申し込んでくださっています。

私自身も、「ああ、この研修受けたいけれど、東京だから無理」と諦めていました。名古屋という都会で暮らす私でさえこの状況。ましてや離島や海外にお住まいの方たちは、「自分は対象外」という言い知れぬ疎外感をお持ちだったのではないでしょうか。やっと時代が変わりました。地方に居ても、受けたい教育が受けられる時代がやってきたのです。

Ｚｏｏｍに感じている可能性が本物なら、塾や習い事から、イベント、ワークショップにいたるまで、「決められた場所で決められた時間に行われる教育」を、誰にとっても平

Q&A

● 教育産業は有望なの？

日本の場合、ICT の活用やアクティブラーニング、ホームスクーリングに伴うオンライン授業、何もかもがゼロベースなので伸びしろがあり、〝みらいの教育〟が楽しみで仕方がありません。

等なものに変えることができます。２０１７年の１月に立ち上げた新事業「起業ひふみ塾」は、参加者同士の交流も講座提供も、すべてＺｏｏｍを使って行ってきました。

その結果、塾生１２０人のうち、約30％を海外在住者が占めることとなり、４年目に入った今では、世界14ヵ国の塾生が集まるグローバルなコミュニティになりました。

そして、ひふみ塾での実践経験を生かし、未来マップ®や生きがいマップ®などのワークショップもオンラインで開催することで、いままで興味を持ちながら参加を見送っていた人たちから「ずっと受けたかった教育が受けられた」と喜ばれているのです。

Zoom100%の一日

6:00	５分前に起床 ６時きっかりからZoomミーティング （海外の時差に合わせるため）
7:30	夫が仕事に出かける
8:00	朝ごはん、片付け掃除など
9:00	講座など（Zoom）
12:00	ホットヨガ＆サウナ （毎日通っている）
16:00	買い物や用事を済ませて帰宅 打ち合わせ（Zoom）やプログラムづくり
19:00	夫が帰宅 夕食 リラックスタイム
21:00	講座など（Zoom）
23:00	就寝

Q＆A

● 良質なコミュニティを作るには

他者からの反応に怯えたり羞恥心を感じたりすることなく、自然体の自分をさらけ出せる心理的安全性の高い場にすることです。

経営もＺｏｏｍ！出版もＺｏｏｍ！

また、経営者やコーチとしての私の仕事は、すべてＺｏｏｍを主体としたオンラインで進むようになりました。離れた場所で（ときには時差のある）ビジネスパートナーたちと、スキマ時間を生かして打合せをしたり、書類のやりとりをしたり、アイデアを共有しながらクリエイティブな作業を進めたり。この４年間に８つの新事業を立ち上げて軌道に乗せたと言えば、その圧倒的な効率とスピード感を想像していただけるのではないでしょうか。

この本だって、編集者や協力クリエイターとのやりとり、30人を超える方々のインタビューも、すべてＺｏｏｍで進行し、出版社に提案した日からわずかひと月半で書店に並び、皆さんのお手元に届いているというわけです。

オモチャを手にした子どものように〜

そして２０２０年５月現在の私はというと、ほぼ毎日自宅に居て、庭では畑仕事も始め、毎日夕飯をつくり、外に出かけるのは大好きなヨガと買い物くらいという生活をしています。本当に人が変わったようです。

Ｚｏｏｍの効果を実感しているからこそ、地方在住だから、育児や介護があるから、お

Q&A

● 未来マップ®って何？

自分の夢（自利）と、地球社会の理想の姿（利他）を一枚の台紙の上にビジュアル化して表現する教育プログラム。SDG sがベースになっています。

金に余裕がないから……といった理由でチャンスを見送り、自分の可能性を閉ざしてしまっている人たちに、Ｚｏｏｍをフル活用して「受けたい教育が受けられる！」という喜びをつかみとっていただきたい、自分の「好き」「得意」「強み」「興味」を活かして起業していただきたい、という願いを込めてこの本を作りました。

「真新しいオモチャを手にした子どものようにＺｏｏｍで遊んでください」

大人になると、新しい技術を前にしても「それ、知っている」という気持ちで接してしまいがち。でもそれでは、限定的な使い方しか浮かばないでしょう。どうか、気持ちをまっさらにしてＺｏｏｍとたわむれてください。無心で楽しんでいるうちに、「えーーーーっ、こんな使い方できたんだ！」と、自分でも驚くような発見ができますよ。

Zoom 活用ポイント

- 受けたい教育をあきらめない
- オンライン化によるスピード感を生かす
- まっさらな気持ちでＺｏｏｍと接する
- 「好き」「得意」「強み」「興味」を活かして起業

Q&A

● リアルで大事にしていること

一期一会の感動をより強く感じられるように、ともに食事をする、ともにスポーツをするなど、五感を使うことを大切にしています。

イネミ先生が伝授するZoom活用法

1 リアル（対面）講座の再現にこだわらない

今までリアル（対面）でセミナーや研修をしてきた人ほど陥りやすい罠があります。それは、リアル（対面）でできていたことを、そのままをオンラインで再現させようとして上手く行かなくて、「オンラインは使えない」と諦めてしまうことです。

オンラインは、リアルとはまったく別物だと考え、ゼロベースでオンラインのメリットを最大限に活かそうとしてみてください。

例えば、新入社員研修。名刺交換の仕方などに代表される「ビジネスマナー」は録画ビデオを観てもらうことに切り替え、Zoomを使ったオンラインでは「信頼関係って、なんだろう？」「主体性ってどういうことだろう？」など、テーマを設定し、ブレークアウトルーム（小部屋）に分かれて対話を深めるなどの時間をしっかりとる。このような新入社員研修にすると、リアル以上の成果が出せます。

2 録画配信（YouTubeなど）とは違う 双方向性やライブ感を生かす

録画して美しく編集された動画をYouTubeなどで閲覧する便利さは日常的に誰もが体感しています。Zoomにも同じことができる機能があるので、ついつい動画を一方的に配信することに使ってしまいがちですが、それはとてももったいないことです。

Zoomを使ったオンラインライブ（ウェビナー）の最大の楽しみ方は双方向性です。ライブ中継中に投稿される参加者からのチャットをリアルタイムで拾って会話する。その様子をライブで配信することで、一緒に番組をつくっている臨場感を味わってもらえるのです。

ラジオのパーソナリティとテレビのキャスターを融合させたような番組づくり。それが、オンラインライブ配信の醍醐味なのです。

3 開催（スタート）時刻、長さ、開催頻度にも工夫

リアル（対面）でセミナーや研修する場合、長いものは6時間などの設定をしていたと思います。また、週末の土日、平日だったら19時～などの設定が多かったのではないでしょうか。

これが、Zoomオンラインセミナーはまったく違います。1回の長さは最長でも3時間、お勧めは60分から90分まで。つまり6時間のセミナーだったら4回くらいに分けて開催します。時間も、出勤前の時間（朝6時～）や、子どもの寝かしつけが終わる21時以降などの時間設定が有効です。

また、オンラインの特徴は参加者が海外からということもあるので、時差を鑑み、9時～と21時～に同じ内容を2回設定すると、様々なタイムゾーンの方にも参加してもらえます。

4 完璧を目指さない（できることから始める）

「ＩＴが苦手なんです」という方ほど、完璧を目指して一歩も踏み出せないケースが多いように思います。私はＩＴが苦手だから、できることから始めました！と気持ちを切り替えてみてください。

とりあえず、「みんなで話そう」と声をかけてみたり、「今日は、画面の共有に挑戦します！」のように一歩ずつ。そのドキドキが懐かしくなるくらい、あっという間に慣れちゃうものです！

5 ワクワクを大切に、夢に向かってGo！

自宅やカフェなどから参加している参加者は、リアル（会場）以上にリラックスしているのでオープンマインドです。「オンラインだと気持ちが伝わらない」なんて、大ウソ。講師の気持ちや思いは波動としてちゃんと伝わります。

イベントもセミナーも、ワークショップも研修も、結局、継続するのはワクワクしている人。さらに、夢に向かっている人のもとに参加者は集まります。

さあ、ワクワク、夢に向かってGo！

さらに伝授！

Ｚｏｏｍでホストをするとき、どんな能力があるとスムーズな進行や、参加者の満足につながるでしょうか？多くのホストが挙げたのは「ファシリテーション」スキルでした。そこで、Ｚｏｏｍでのオンライン講座も好評な臨床心理士・医学博士の松村亜里さんに、心理学から見た効果的なファシリテーションのポイントをうかがいました。

寄稿

オンラインで、より参加者が幸せになり成長する進行をするには？

（1）誰も取り残さない

音声のチェックも兼ねて、できるだけ一人ひとりのお名前を呼んで挨拶をします。また、チェックイン（本題に入る前に、参加の目的やいまの気持ちなどを一言ずつ話して共有すること）も、参加者だけを対象とせず、主催者やアシスタントも含む全員を大切にすることを意識しましょう。（人数が多い時は、できる範囲で意識しましょう）

（2）始まりと終わりをはっきりと

スタート時は、「今から～を始めます」としっかり宣言し、講座の目的や目標を共有しましょう。それからチェックインへと進みます。最後は、講座のまとめ、チェックアウト（感想などを共有すること）と進めていき、終わりの言葉できちっと締めくくります。

（3）安心安全な場を作る基本ルールを共有し、横のつながりを育む

何でも話しやすい場にするため、毎回、次のようなルールを伝えるのがおすすめです。「多様性を尊重します」「他の方の意見を批判しない」「いつでもパスできます」「内容によってはこの場だけで」「リアクションは大きめに」等。

情報はいくらでも手に入る時代、Ｚｏｏｍでつながるときに大切にしたいのは、横のつながりの促進です。それが講座の価値にもなります。

（4）「What's good?」から始める

次に、良かったことをシェアしましょう。「最近あったちょっといいこと」や、連続する講座の場合は「前回学んだことをやってみての小さな成功体験」などもいいですね。

これは、「ポジティブな気持ちになると視野が拡張する」という法則を利用しています。実際に、参加者の瞳孔が広がりますよ！

ここから始めると、意見が活発に出て学びがグッと深まります。

（5）15〜20分おきに、ディスカッションやワークを挟む

集中力の持続には限界があります。また、教わるより自分で考える方が学びは入っていくものなので、定期的にアウトプットの時間を設けましょう。自分で書き出したり、それをグループでシェアしたり、チャットに上げてもらうなど、いろいろな方法があります。

（6）最後は感想と行動宣言で締めくくる

講座の終わりには、感想や学んだことを聞き、やってみたいことをチャットに上げるなどしてシェアします。参加者はこの「アカウンタビリティ（説明責任）」によって、実際の行動を起こしやすくなります。コツは「小さくできそうな行動」を宣言すること。できたかどうかが分かりやすいものにすると、自己効力感も高まります。

ワクワクしながら参加でき、行動したくなるサポートを

ニューヨークで暮らす私は、２０１４年からＺｏｏｍで世界中の方を対象に講座を開催してきました。ただし日本ではＺｏｏｍが使われてはじめて間もない頃だったこともあり、日米を慌ただしく行き来することも多かったのですが、Ｚｏｏｍが普及したおかげで、２０１９年の8月からは仕事の大半がオンライン化されました。ですから新型コロナの影響は受けていないどころか、むしろコンテンツが充実していたオンラインサロンの入会

者が増えて事業は拡大中。オンライン講座は月10〜20回のペースで開催していますが、口コミが多いので集客の苦労はなく、リピート率からお客様の満足度の高さを感じています。リアルで開催する講座と、オンラインで開催する講座は、かなり勝手が違います。

オンラインだと、ただ受け身で聞くだけになりがちなので、ワクワクと楽しんでもらったり、エンゲージして（ポジティブで充実した心理状態になって）、終わった後、すぐ行動したくなったり……そんな講座にしていくのが満足度につながります。

先に挙げた６つのポイントを、あなたのＺｏｏｍ活動のファシリテーションに、ぜひ活かしてくださいね。

ニューヨークライフバランス研究所 所長　**松村亜里**

松村亜里さんは「ポジティブ心理学」を人生や仕事に活かすオンライン講座を開催しているのですが、幸せに生きることを科学的に研究するポジティブ心理学は、〝参加者の幸せ〟を最終的な目的とする主催者（ホスト）と、相性ぴったり。今回の６つを実践して、幸せを参加者にシェアできるホストになりましょう。

画面のなかで自分を素敵に見せるコツ

イベントの主役である講師と、複数の参加者が同じ大きさの画面に並んで表示されるZoom。もしあなたが講師をするなら、自分を素敵に表現するためのポイント、知りたくないですか？「外見戦略コンサルタント」の相原悠希（Fabulous Five）さんに３つのポイントを教えていただきました。

バストアップが映る距離がベスト！

画面の中央にバストアップが映るように、カメラと自分の距離を調整します。カメラの角度や部屋の照明を調整し、自分が一番素敵に見えるところを探しましょう。また、自分の左右に、等幅の余白をつくると美しく見えます。

顔の周辺で手を動かすと、感情が伝わる！

普段より1.5倍増しで感情を表現しましょう。その時に、顔の周辺で手を動かすと、思いが伝わります。また、伏し目がちにならないよう、カメラに向かって話すことも心掛けてください。

話を聞くときも、気を抜かないで！

×

○

うなずきや相槌も、ややオーバーなくらいのリアクションを送ってあげてください。くれぐれも気を抜いて頬杖をついたりしないように気を付けて！いつも口角をちょっと上げた表情がおすすめです。

小さな四角の中に、自分が主役＋演出家でもあるマイワールドをつくりましょう。衣装が引き立つ色合いの背景や個性が出せる小物も探してみるのもいいですね。

Chapter3

参加する？ホストする？ビギナーさん向け

かんたん
Zoomの使い方

使い方を覚えれば、可能性は無限大！ITに強くなくても大丈夫ですよ♪
わ〜みんなすごい人たちばっかり！私にできるかな？
Zoom

Zoom環境を整えよう!

Zoomで叶えたい夢がいっぱい！　でも、実際に何から始めたらいいのやら……ソフト・ハード・環境のすべてをやさしく教えてください。

まだソフトをダウンロードしていない初心者さんから、いろんな機能を試してみたい上級者さんまで、ツールとしてZoomを使いこなすハウツーを学んでね。

Zoomとは?

あなたはLINEを使っていますか？私にとっては日常の一部。家族のLINEグループで、結婚した妹や弟、離れて暮らす両親とマメに連絡を取り合っています。
そんなLINEとZoomは何が違うのでしょう？ひと言で言うと、LINEは電話、Zoomはお部屋。どちらもコミュニケーションツールであることは同じですが、1対1で話をするのがLINE、複数の人と同時に会話できるのがZoomというイメージです。

相手を直接呼び出すことができるのが最大のメリット!ただし、電話番号と同等の個人情報になるIDの交換が事前に必要です。

Zoomは会議はもちろん、講座やセミナー、ＩＴサポートなどにも活用できます。

[活用例]

- 画面共有でスライドや動画を一緒に見たり、図を手書きしながら打ち合わせ
- 小部屋に分かれる機能を使うと、少人数で対話を深められる
- 相手のパソコン画面をリモートコントロール（操作）する
- 録音、録画、フェイスブックやYouTubeへのライブ配信

部屋番号さえ分かれば、複数の人が出入り自由に。会議や習い事、お茶会、飲み会などを開催することができます。

さあ、Zoomにつなごう！

まずは初期設定から。スマホからでも参加できますが、使える機能が限られてしまうので、最初からPCでの使用に慣れておくことをおススメします。

1 公式サイトから インストーラーをGet！

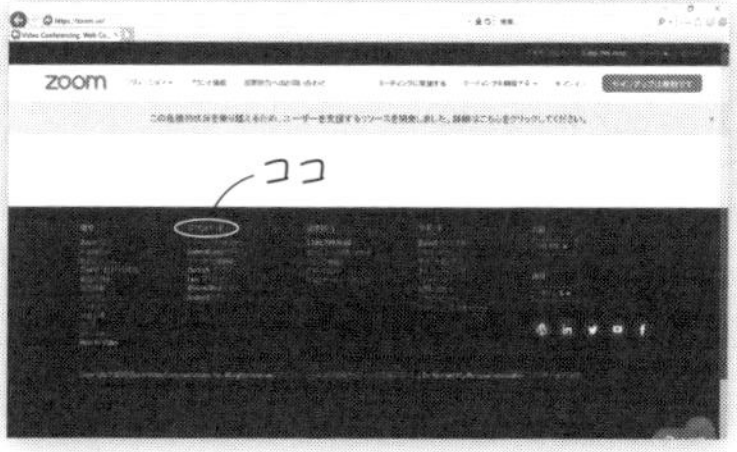

Zoomの公式サイト（https://zoom.us）でトップページのフッターまでスクロールし、［ダウンロード］をクリックします。

スマホの場合は、App StoreやGoogle Playから、「ZOOM Cloud Meetings」をダウンロード。無料です！

2 アプリをインストール

［ダウンロードセンター］ページの［ミーティング用Zoomクライアント］からインストーラーをダウンロード。ダブルクリックで開き、表示される画面の指示通りに進みます。

3 接続をテスト

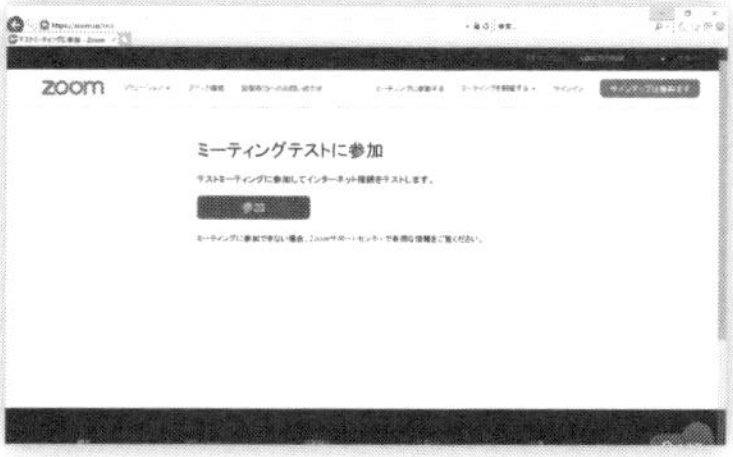

公式サイトトップページのフッターに戻り、［サポート］＞［Zoomをテストする］をクリック。［ミーティングテストに参加］ページの［参加］をクリックします。

4 設定完了！

［ビデオプレビュー］ページで［ビデオオンで参加］をクリック。自分の顔が画面に表示されれば、設定完了です。

参加する＆主催する

もともと、オンライン会議専用アプリとして開発されたZoom。大人数での対話や情報共有に適した機能が満載の「部屋（ミーティング）」に入ってみましょう。参加者と主催者（ホスト）で手順が少し違うので気を付けて。

参加するには…？
ホストから届く招待URLをクリックすれば、アプリが自動的に起動するので［参加］ボタンをクリック。ミーティングID欄にURLの数字部分を手動入力してもOK。

例　https://zoom.us/j/1231231234　なら、『1231231234』がミーティングID。

主催するには…？
お部屋（ミーティングID）を事前に取得して、参加者に通知。開始時間が近づいたらお部屋に入り、参加者の入室を待ちます。
→詳細はP.102へ

PCとスマホ、どちらを使う？

ZoomはPC（Windows、Mac）、スマホ・タブレット（iOS、Android）のいずれでも使えます。接続がカンタンなのは、スマホやタブレットですが、自分が主催者となりイベントを開催するなら、使える機能が多いPCが必須。

POINT

最新機種であっても、ある程度の条件を満たさないとZoom使用に耐えられない場合があるので要注意！新しく購入を考えているならば、以下のスペックを参考にして。
CPU：intel Core i5以上、クロック数1.6GHz以上、できれば2GHz以上
メモリ：8GByte以上
ストレージ：SSD 256Gbyte以上
他：WEBカメラ内蔵は必須

安定したネット環境を確保

Zoomをセミナーや講座などに使うことを考えると、音声や画像などに乱れがない状態で長時間つながる環境を整えることが大事です。自宅になるべく高速なインターネット回線を引き、Wi-Fiルーターが見える位置にPCを設置して安定した接続をキープしましょう。

POINT

万が一、画像が固まったりスムーズに動かない、音声がぴょんぴょん飛んで聞こえづらいといった場合は、できるだけWi-Fiルーターに近づいてみてください。それでも改善しない場合は回線そのものに問題がないか、回線業者に電話で確認してみましょう。なお、スマホの場合は通信量が大きいので制限に気を付けて。

屋外（カフェなど）で使うなら

カフェ、コワーキングスペースなど、個室ではない環境での使用も考えている場合は、周囲の方に迷惑をかけない配慮が必要です。マイク付きイヤホンやヘッドセットを準備して使用しましょう。

POINT

マイク付きイヤホンやヘッドセット、カメラなどの周辺機器がPCで上手く認識されないことがあります。USBで接続するタイプは比較的認識されやすいのでおすすめ。機器同士の相性もあるため、ひとまず手頃な値段のものを用意して事前にテストすると安心です。

Zoomでのエチケット

Zoomを使い始めると、Zoom特有のマナーがあることが分かってきます。とくに大切なのが「音」と「ビデオ（画像）」に関する他者への配慮です。生活音を消す（ミュート）と、見せたくないものを見せない（ビデオの停止）は最低限覚えておきましょう。

その1　名前を登録するとき

簡単な自己紹介を名前のところに入れると、自分のことを知ってもらえます。例えば、ニックネーム＠所在地（まお＠名古屋）のような書き方がわかりやすくておすすめです。

その2　家族やペットの声が気になるとき

発言しないときは不要な音を届けないよう気をつけて。［ミュート］ボタンを押して、自分の声と周囲の音を遮断します。

その3　素顔が恥ずかしいとき

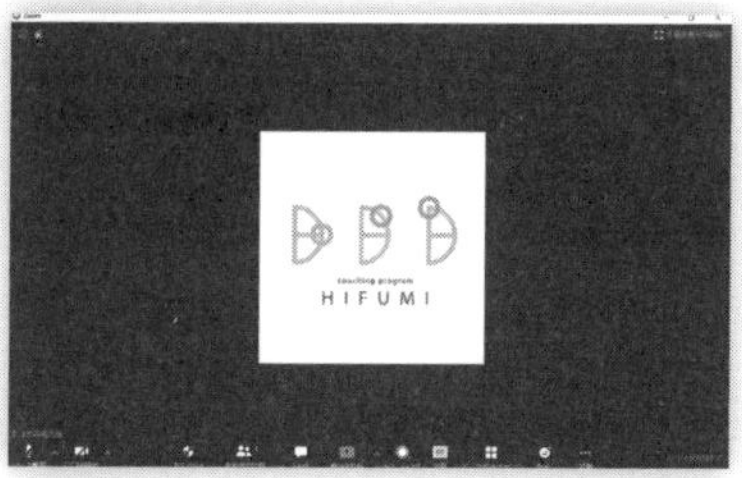

顔を出すことで他の参加者に安心感を与えられますが、どうしても出したくないときは「ビデオの停止」を押します。

Zoomに参加してみる

「1クリック」するだけで世界中の見知らぬ人とつながれるのがZoomの魅力。入口のハードルが低いからこそ、対面以上にマナーには気をつけてね。

Skypeや LINEでのチャットと何が違うのか気になります。ワクワク楽しみながらビジネスに役立てるために、コツやルールを知っておかなくちゃ。

参加の手順と心構え

Zoomを使えば、いろいろなコミュニケーションがPC画面の前で完結できます。小さな会議室で1対1の会話、何百人が集まる大ホールで講演を聞く、小グループにわかれて活発に意見を交わすワークショップetc. ただし、シチュエーションの違いまでは再現できないので、ビュー切替をうまく使って臨場感を高めてみましょう。

＼ 知っていると便利 ／

画面表示には、①ギャラリービューと②スピーカービューの2種類あり、画面の右上にある切り替えボタンをクリックすることで変更できます。自分が講師役のときは、全員の顔を見渡せるギャラリービューがよく使われます。

① PCでは1画面に25人まで並びます。
ギャラリービュー

②話している人だけが大きく映ります。
スピーカービュー

顔出し?顔伏せ?マナーとルール

ミーティング中に自分の顔を出すか出さないかは、いつでも変更することができます。出したほうが気持ちは伝わりやすいですが、自宅の様子や家族など背景が映り込んでしまうこともあるので要注意。入室した途端に自分の顔が出てきてビックリ！にならないよう、初期設定を「ビデオOFF」にしておくと安心です。

＼ 知っていると便利 ／

一体感が大事なワークショップなどは顔出しがおすすめ。ペットや子どもがフレームインしそう…と思ったら、画面下のツールバーで「ビデオの停止」を押すだけで切り替わります。

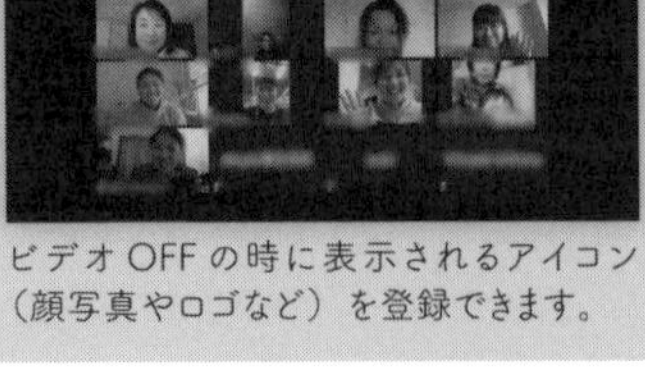

ビデオOFFの時に表示されるアイコン（顔写真やロゴなど）を登録できます。

Zoomの便利な機能紹介

ブレークアウトセッションとは？

リアルの講座でよくあるのが、２～３人の小グループで感想をシェアするなど対話すること。Zoom でも同じことが可能で、この機能に当たるのが「ブレークアウトセッション」です。ワークショップでグループワークをしたいときにピッタリです。
→詳細は P.107 へ

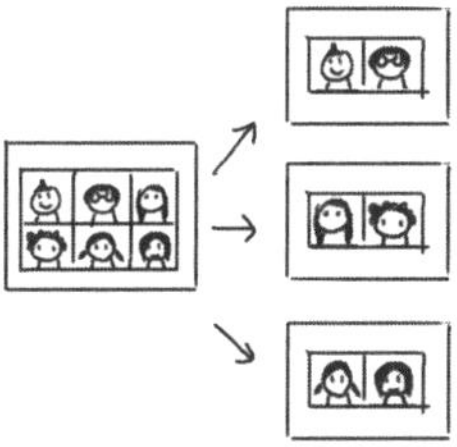

手を挙げる／チャットする

セミナーやワークショップ中に手を挙げてホスト以外の人が発言したり、感想やアイデアをシェアするのは、Zoom でも同じ機能があります。［手を挙げる］をクリックすると、ホストに挙手の通知が来ます。チャット機能では文字はもちろん、画像データを送って共有することもできるのです。

＼ 知っていると便利 ／

チャットのやり取りは保存可能です。チャット画面の右下にある［詳細］＞［チャットの保存］を選択すれば、テキストデータで残すことができます。

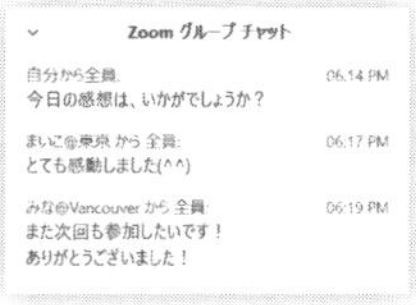

画面下の［チャット］のボタンをクリック。表示された画面にコメントを入力し、宛先を選んでから Enter キーを押して送信します。

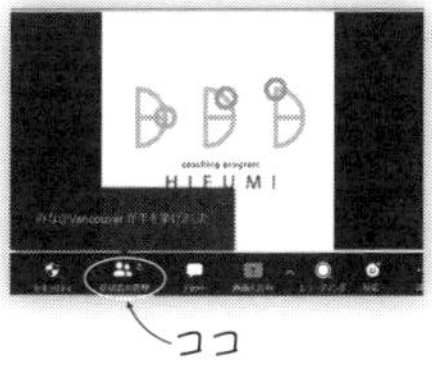

画面下の［参加者］ボタンをクリックして参加者のリストを表示。［手を挙げる］ボタンを押します。

シェアスクリーン／ホワイトボード

リアルの会場なら印刷して配っていた手元資料も、Zoom なら「画面を共有」でシェアだけでＯＫ。ワードやパワポの文書はもちろん、ホスト PC のデスクトップ画面や WEB ブラウザなども共有できます。また、ホワイトボードなら参加者も一緒に書き込むことも可能です。

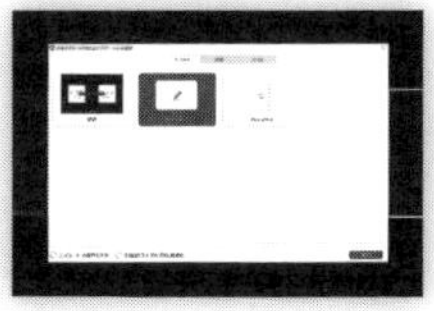

画面下の［画面を共有］ボタンをクリック。ファイルなどを選んで［画面の共有］ボタンを押します。

［ホワイトボード］を選択して［画面の共有］をクリック。ツールを選択して白い画面に書き込みできます。

Zoomでホストしてみる

いろいろなセッションに参加してZoomの楽しさがわかってきました。はやく自分のお部屋をつくって何かしてみたいのですが、ホストになるのは大変ですか？

いいですね〜！ホストになれば使える機能がぐぐっと増えます。しっかりと手順を理解して、ひとつずつ実践していけば大丈夫ですよ。

1回だけ or 定期的なミーティングの準備

まずは無料の「基本プラン」を使って、お茶会や飲み会などの会議を開催できるまでを説明します。参加だけならアカウントは不要でしたが、お部屋（ミーティング）のホストになるためにはアカウント登録が必須です。

1 アカウント登録

Zoom公式サイト（https://zoom.us）のトップページから、［サインアップは無料です］をクリック。

生年月日を入力して、［続ける］をクリック。

［無料サインアップ］画面で、サインインの方法を選択。

（ここではメールで登録する手順を説明します）メールアドレスを入力し、［サインアップ］をクリック。

メールが届くので、［アクティブなアカウント］ボタンをクリック。表示された画面で、氏名とパスワードを入力して［次へ］をクリック。

［マイアマウントへ］をクリックし、プロフィール画面にログインできたら、サインアップ完了！

Zoomの契約には、基本・プロ・ビジネス・企業の4プランがあります。ミーティングに参加するだけなら無料の基本プランで十分でしょう。1対1ミーティングなら時間無制限で利用できますが、グループミーティング（上限100人）は40分までです。ホストをするならプロプラン契約がおすすめです（2020年5月現在、月に2000円）。

2 お部屋（ミーティングID）取得

アプリを起動。「サインイン」画面で ID とパスワードを入力してサインイン。

［スケジュール］ボタンをクリック。

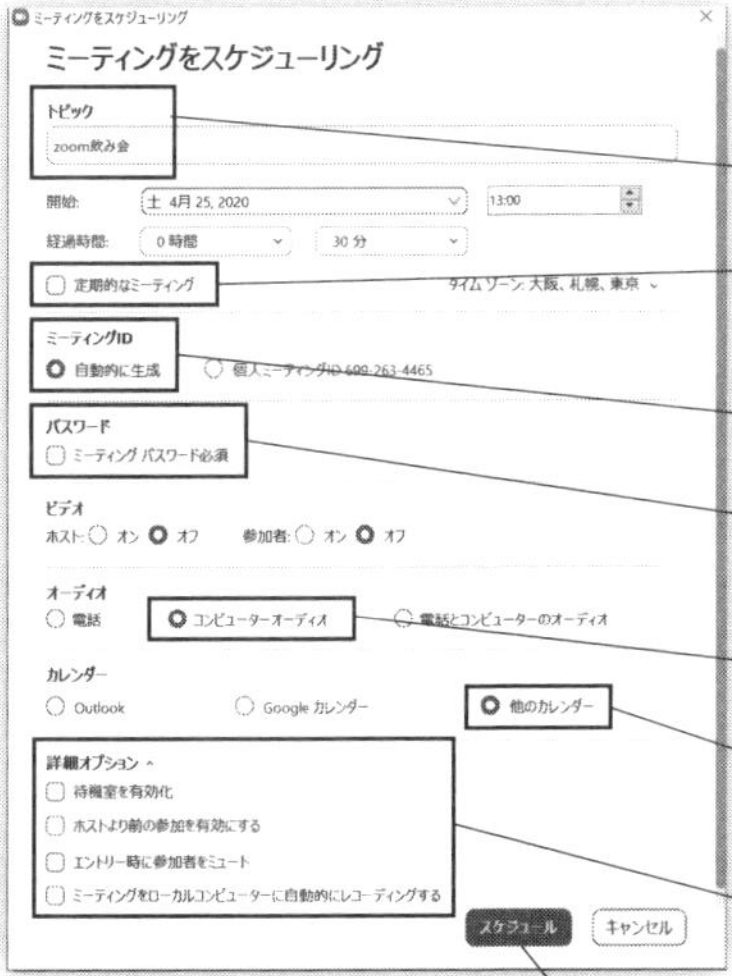

［ミーティングをスケジューリング］画面で詳細を設定します。

［トピック］ イベントタイトルを入力します。

□**定期的なミーティング** ➡ URL（ミーティング ID）を使いまわしたいときはチェック。

○**自動的に生成** ➡選択。

□**ミーティングパスワード必須** ➡セキュリティを高めたいときはチェック。

○**コンピューターオーディオ** ➡選択。

○**カレンダー** ➡ 特定のカレンダーと連携させないときは［他のカレンダー］を選択。

詳細オプション
□待機室を有効化 ➡ 許可した人だけ入室させたい場合はチェック。

□ホストより前の参加を有効にする ➡ ホストが不在でも部屋に入って OK ならチェック。

最後に［**スケジュール**］をクリック。

ミーティングが予定されたメッセージが表示されたら、［閉じる］をクリック。

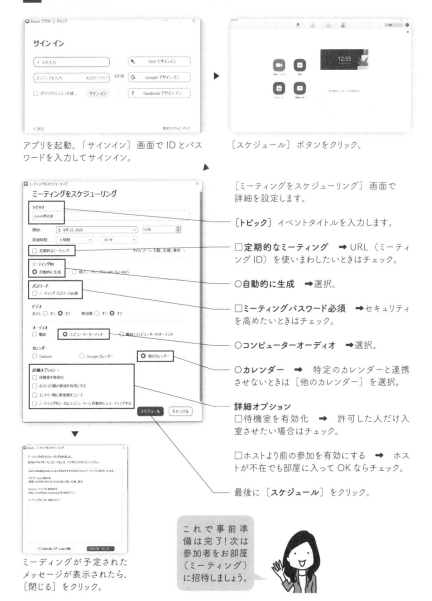

参加者に招待を送りましょう

さあ、参加者に招待状を送って、はじめてのミーティングを開始しましょう。ただ「接続テスト」だけをお願いするのも味気ないので、「Zoom 飲み会」や「Zoom お茶会」の招待状を送ってもいいですね。

画面の左側に表示されるスケジュールの中から、自分が作った会議を選んでクリックします。

画面の右側に表示される「ミーティングへの招待を表示」をクリックすると、ホストの名前、開催日時と場所、ミーティングID、パスワードなどが表示されます。

「招待をコピー」を押すか、URL やミーティング ID など必要な部分だけを自分で選んでコピーし、メールやメッセンジャーに貼り付けてシェアします。

会議当日

開始時刻が近づいたら、お部屋（ミーティング ID）を起動します。ホストは必ずアプリの「開始」ボタンから起動をかけて、参加者として認識されないようにしてください。

Zoom アプリが立ち上がり、画面に自分の姿が表示されたら OK です。あとは参加者の入室を待ちましょう!

＼ 知っていると便利 ／

お部屋の番号（ミーティング ID）は、その都度変えることもできるし、固定することもできます。固定したい場合は、［ミーティングスケジュール］画面で［定期的なミーティング］にチェックを入れておきましょう。毎回、招待状を送らなくても、同じ URL（ミーティング ID）を使って参加してもらうことができます。

ホストとしてできること・注意したいこと

ホストは、参加者全員が気持ちよく、安心して過ごせるように気を配るのが基本です。最近は、イベント中に見知らぬ人が入ってくるといったトラブルも報告されているので対処法も知っておきましょう。

その1 名前を変える

ホストは、参加者の名前を変更することができます。メニューの中から「参加者」ボタンを押し、画面右側の「参加者一覧画面」から特定の参加者を選択し、「詳細」>「名前の変更」を選択します。

その2 ミュートする

画面下の一番左「ミュート」ボタンで自分の音声のON/OFFを切り替えます。ホストは、画面下の中から「参加者」ボタンを押し、画面右側の「参加者一覧画面」で参加者を個別にミュートできます。

その3 動画オフ

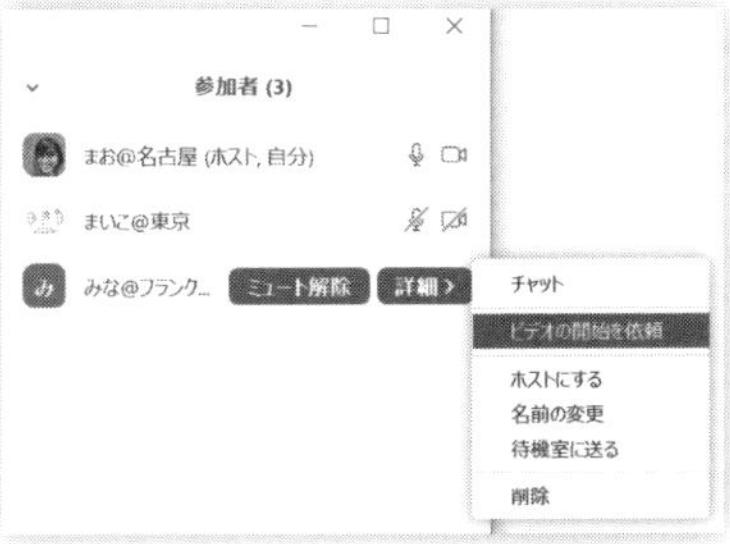

画面下の左から2番目「ビデオの停止」ボタンで自分の動画のON/OFFを切り替えます。参加者にビデオの開始を依頼するときは、画面下から「参加者」ボタンを押し「参加者一覧画面」から特定の参加者を選択し、「詳細」>「ビデオの開始を依頼」を選択します。

その4 強制退場

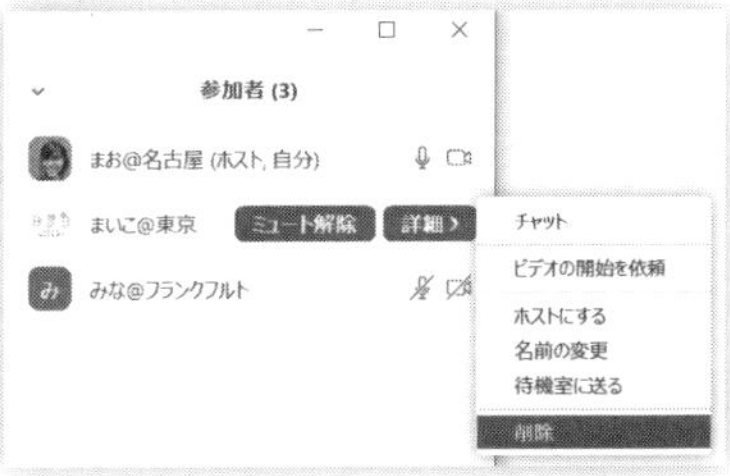

ミーティングIDを公開したZoomイベントを開催している最中に、チャットを荒らされたり不必要な画面共有をされたりしたときは、参加者を特定して「待機室に送る」、あるいは「削除」することができます。

録画してみよう

Zoom は録音や録画もワンクリックでできるのが特徴です。会議やセミナーなどの場合、欠席者へのフォロー動画として使えます。また繰り返し見ることができるので復習用の教材としても喜ばれます。自動で動画と音声だけのファイルが作成されます。

Zoom のセッションをレコーディングすることができます（途中で止めたり、一時停止も可能）。

動画は「zoom_X（X は数字）」という名前で保存されます。拡張子は mp4 です。

音声は「audio_only」という名前で保存されます。拡張子は m4a です。

チャット欄を使ったときは、「meeting_saved_chat」という名前で保存されます。

保存先フォルダ（容量が大きいので注意）
Mac：〔Document〕－〔ZOOM〕－〔 日付 〕
Wiindows：〔 ドキュメント 〕－〔ZOOM〕－〔 日付 〕

〈注意〉
画面に映る方には「肖像権」があります
録画を始める前に、「何のために録画し、どこに公開されるのか」を伝え、許諾をいただきましょう。

ウェビナー機能で 1 万人参加のカンファレンス

「Zoom ウェビナー」はライブ中継に特化した機能で、最大 1 万人に対して Zoom ミーティングを放送できます。視聴者はチャットまたは Q&A オプションを使用してホストやパネリストとやり取りすることができます。

ゲストを招いての対談番組

料理の作り方をデモンストレーション

プレゼン資料などをシェアしながら講義

音楽ライブのストリーミング配信

専門家が並んでパネルディスカッション

開会式や卒業式などのライブ配信

ブレークアウトを使いこなす

数ある機能の中でも非常に特徴的なのが「ブレークアウトセッション」です。ホスト以外の参加者をいくつかの小部屋に振り分ける機能で、大人数での会議やワークショップ形式のセミナーをスムーズかつ活発に進行させることができます。

1 事前設定

画面下に詳細から「ブレークアウトセッション」ボタンを押します。

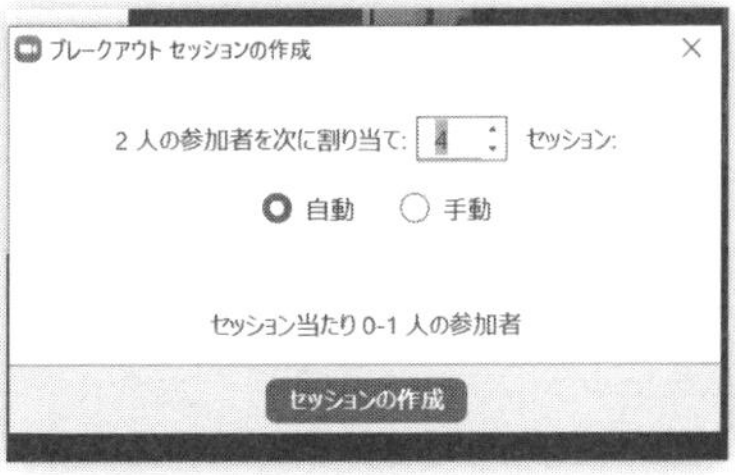

「ブレークアウトセッションの作成」ウィンドウが開き、いくつのセッションに分けるかを指定して、「セッションの作成」をクリックします。

2 使い方

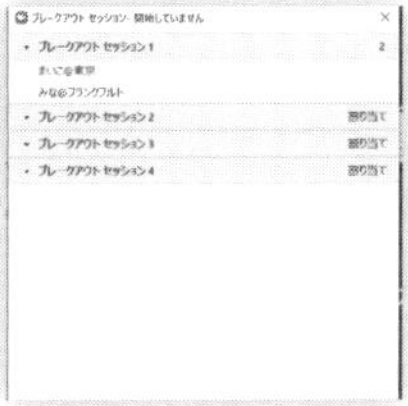

グループ分けされた画面が表示されます。「すべてのセッションを開始」ボタンを押すと小部屋に分かれます。

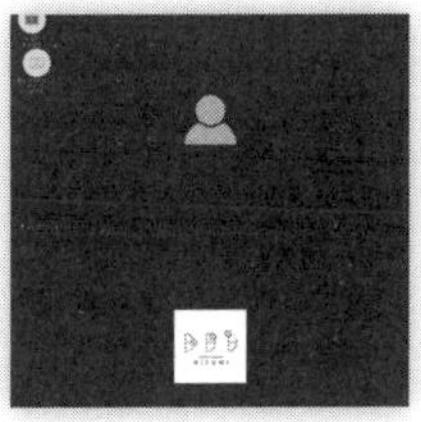

参加者は、同じグループに参加したメンバーだけの小部屋に入るので、別の部屋の音声は聞こえなくなります。

スポットライトとビデオの固定とは?

参加者のビデオ画面の上にカーソルを移動し、「…」をクリックして「スポットライト」や「ビデオの固定」を選びます。

スポットライトビデオはホストが参加者のビューをコントロールするために利用します。特定の人に「スポットライト」を当てることができます。

参加者側は、特定の人に「ビデオの固定」をして大きく表示できます。

さらに！上をいくテクニック

上級者のミーティングに参加してみたら、資料の見せ方、カメラアングル、背景の作り込みなど、私とはまるで違っていてワクワク。Zoomの世界は知れば知るほど奥が深いですね。

実践を積んで基本操作に余裕が出てきたら、一歩上のテクニックを使ってZoomミーティングの内容をランクアップさせ、活用の幅を広げられるようチャレンジしましょう！

背景を変える（バーチャル背景）

ビデオONにして参加することが多いZoomミーティングでは、どうしても背景に部屋の様子が映り込んでしまいます。散らかった部屋、家族、秘密の書類……見せたくないものが見えてしまってイメージや信用力のダウンにつながることも。上手にバーチャル背景を使いましょう。

メニューの「ビデオの停止」の右側にある三角∧をクリックして、「バーチャル背景を選択」から変更します。

パソコンの中に保存されている画像や動画を指定して、背景を変えることができます。TPOにより使い分けてみましょう。

ライブ配信する

Zoomミーティングの様子はライブで配信することができます。事前予約どころかZoomに接続することもなく、まるでテレビ番組のような感覚であなたのイベントを大勢の人が視聴できるというわけです。また、配信したコンテンツを保存することもできるので、好きな時に繰り返して再生することも可能です。

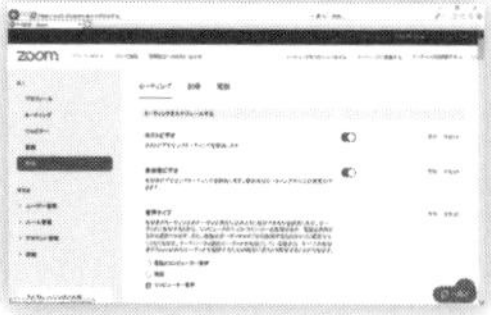

公式サイト（https://zoom.us）からマイアカウントにログインし、左側のメニューにある「設定」ボタンを押します。

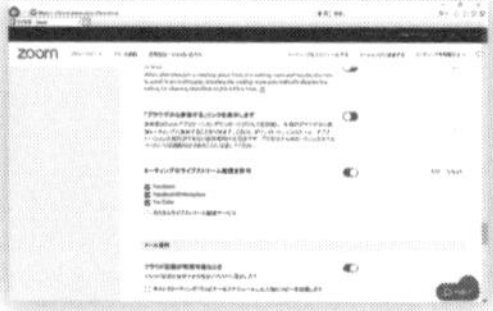

「ミーティングのライブストリーム配信を許可」をONにし、配信先を選んでチェックを入れて設定を更新します。

Zoomアプリを立ち上げると、メニューの一番右に「詳細」ボタンが表示され、ライブ配信先を指定できるようになります。

字幕を表示

メニューにある「字幕」ボタンをクリックすると、字幕を入力する画面が表示されます。外国語の会議などに同時通訳を入れたり、耳が不自由な方をサポートしたり、音声が流せない場所での使用に便利です。

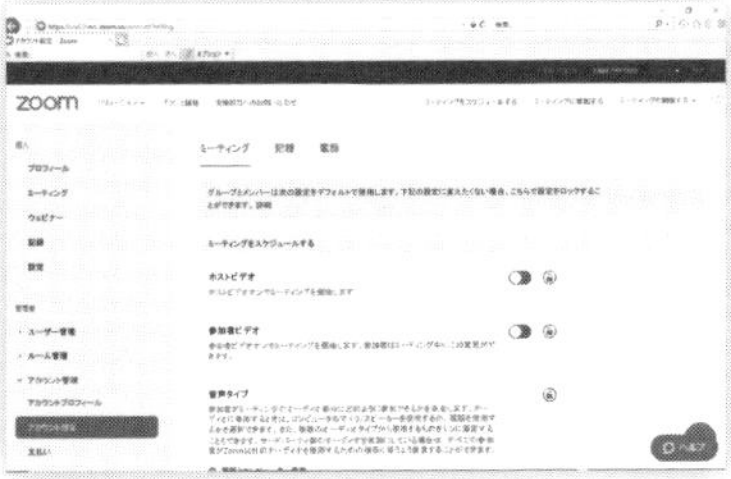

Zoom 公式サイト（https://zoom.us）にログイン後、「アカウント管理」＞「アカウント設定」で、「字幕機能」を ON にして設定。

第2カメラを装着する

USB 接続などでつながる外付けカメラを装着することで、メイン／第２カメラの２台を切り替えながら映すことができます。

メインカメラからの切り替えるには、メニューの「画面を共有」から「詳細」タブをクリックし、「第2カメラのコンテンツ」を選択します。

iPhone/iPad & ApplePencil を使いこなす

画面共有のメニューから、iPhone/iPad を選ぶことができます。また、ApplePencil とつながっていれば、手書きの画面をシェアすることも可能となり、たとえば PowerPoint などを共有した上から手書きの説明を入れたり、真っ新なノートに手書きで書いたイラストなどを表示することができます。

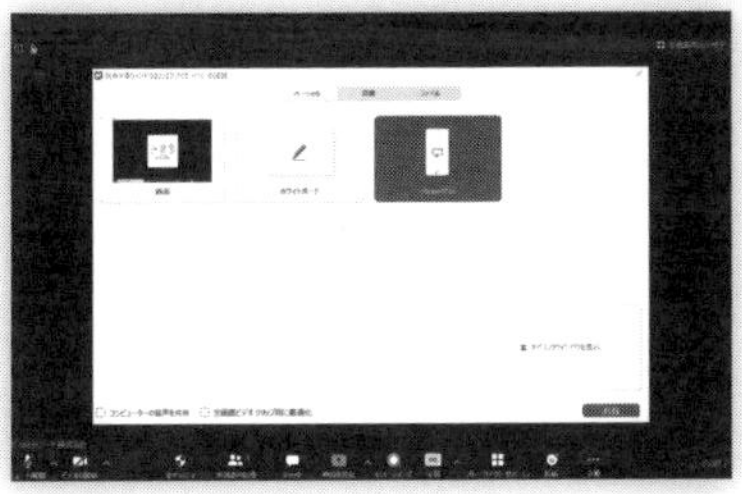

① Zoom 側のメニューにある「画面の共有」から、「iPhone/iPad」を選び、「共有」ボタンを押します。

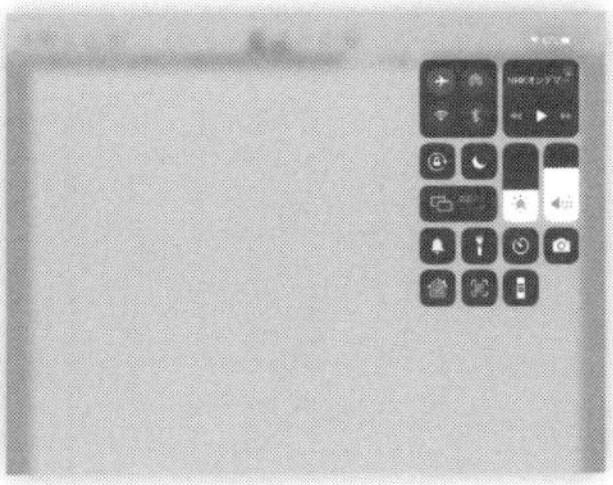

② iPhone/iPad 側のメニューにある「画面ミラーリング」から「Zoom」を選びます。

※操作画面は、すべて 2020 年５月現在のものです。その後の仕様変更や、PC・ブラウザの種類の違いにより、実際と異なる場合があります。

1年後…

テレワークが浸透し、都心に住む必要がなくなって、引っ越しました。

日に焼けちゃった！

海の近く!!

騒がしい子どもたちと奥さんと狭い家に４人でいたノグチさんは、千葉の実家近くに広い家を買ったみたい。

リノベしたよ
遊びに来てね!!

夫婦仲悪いって言っていたヨシダさんは、円満離婚して、最近とても楽しそう。

スッキリ!!

それにしても、一番変化が激しいのは私かも。

机もイスも仕事仕様
まず住む場所に縛られなくなった
どこからでも仕事ができる
そして副業を始めた。

いつか、こちらが本業になるかも
世界が広がった。

日本中、世界中に、友だちができた
ドイツはどうですか？

生活も変わったし、考え方も変わった。

まおちゃん！

こんにちは
キュウリ大豊作!!

これもらって！

近所で声をかけられるのもうれしい。

都会ではありえない

会社と自宅の往復だった頃は
仕事と結婚の両立は
ムリだと思ってた。
満員電車イヤ……
ギュー
ギュー
白馬に乗った
王子様が迎えに
来てくれないかなぁ…
仕事のできる
ハイスペックな
独身王子
でも——
今なら、結婚生活も
仕事も両方楽しめそう
キュウリで何作ろう♫
料理が上手い夫がいたら
サイコーだな
今日のごはん何?
イカスミパスタだよ
テキパキ
テキパキ
123
テキパキ
そして、なにより
好きな時間に、
好きな場所で、
好きな仕事をして、
好きな人と、
好きなものを食べ、
好きなものに囲まれ、
好きなように暮らせる
ということが分かった。
This is me!!
その扉が、Ｚｏｏｍだった
Ｚｏｏｍのおかげで、
自分の好き、得意、
興味、関心が
分かった。
Ｚｏｏｍの
おかげで、
私のミライの可能性は
無限大に広がった。
Ｚｏｏｍのおかげで、
自分のチカラで
生きられるようになった。
これからも
よろしくね、
Ｚｏｏｍ
ZOOM
海外に
住んじゃうかも?!

秋田稲美（あきた　いねみ）
起業ひふみ塾　主宰
夢をかなえる「ドリームマップ」考案者

「あらゆる人の一番の幸せをさがそう」を理念に掲げ、ひふみコーチ株式会社を設立。独自のコーチングメソッドを用い、コーチングをコミュニケーションスキルではなく、幸せな人生を生きる哲学として広めている。親や先生のためのコーチング、ビジネスパーソンのためのコーチング、プロフェッショナルコーチ養成講座をオンラインワークショップで提供。また、小・中・高校生に出張授業で届ける活動も積極的に行う。
2017年に始めたオンラインのグループコーチング起業塾「起業ひふみ塾」は、塾生の30％近くが海外に在住しながら参加するなど好評。

『自分をひらく朝の儀式』（かんき出版）『そろそろ走ろっ！』（ダイヤモンド社）『ドリームマップ―子どもの“生きる力”をはぐくむコーチング』（大和出版）『上司になったら覚える魔法のことば』（中経出版）など、著書多数。
HP: https://123-coach.com

ZOOMはじめました

2020年6月5日　第1版　第1刷発行

著　者　　秋田稲美

発行所　　WAVE出版
〒102-0074　東京都千代田区九段南3-9-12
TEL 03-3261-3713 FAX 03-3261-3823
振替 00100-7-366376
E-mail: info@wave-publishers.co.jp
https://www.wave-publishers.co.jp

印刷・製本　株式会社シナノパブリッシングプレス

NDC361　111p　21cm　ISBN 978-4-86621-301-9